国家自然科学基金项目(51774232、51674194、51674191)资助
陕西省自然科学基础研究计划项目(2016JM5022、2017JQ5023)资助

煤/水滑石矿物复合材料的制备及其性能研究

刘　博　著

中国矿业大学出版社

内 容 简 介

本书首先简要介绍了煤结构及其材料化应用、煤炭自燃灾害防治技术、煤基复合材料复配阻燃聚合物等研究领域的理论研究成果,然后以煤炭自燃防治材料和新型无卤阻燃材料的制备及应用为背景,基于煤特殊的微纳米孔隙结构和官能团结构特征,借鉴层状双氢氧化物(LDHs,水滑石)的制备方法及影响因素研究,采用理论研究、实验分析、理论模拟相结合的方法,探讨了神府煤的结构,水滑石矿物制备表征及其煤自燃阻化性能,神府煤水滑石矿物复合材料(CLCs)的制备方法、结构及其性能等研究内容。研究成果对新型矿物功能材料的制备及应用具有理论研究意义和应用价值。

本书可供煤基新材料研发人员、煤自燃防控技术人员、矿物复合功能材料研发人员、消防人员、聚合物阻燃技术研发人员及其他科研人员应用和参考,可作为煤炭可持续利用、煤炭清洁利用、煤火灾害防治等方面的知识学习用书,也可作为高校、科研院所的研究生、本科生的教学参考书。

图书在版编目(CIP)数据

煤/水滑石矿物复合材料的制备及其性能研究/刘博著. —徐州:中国矿业大学出版社,2018.9

ISBN 978 - 7 - 5646 - 4159 - 7

Ⅰ. ①煤… Ⅱ. ①刘… Ⅲ. ①水镁石—复合材料—防火材料—研究 Ⅳ. ①TB39

中国版本图书馆 CIP 数据核字(2018)第 230349 号

书　　名	煤/水滑石矿物复合材料的制备及其性能研究
著　者	刘　博
责任编辑	黄本斌
出版发行	中国矿业大学出版社有限责任公司
	(江苏省徐州市解放南路　邮编 221008)
营销热线	(0516)83885307　83884995
出版服务	(0516)83885767　83884920
网　　址	http://www.cumtp.com　E-mail:cumtpvip@cumtp.com
印　　刷	徐州中矿大印发科技有限公司
开　　本	787×1092　1/16　**印张** 11.25　**字数** 281 千字
版次印次	2018 年 9 月第 1 版　2018 年 9 月第 1 次印刷
定　　价	28.00 元

(图书出现印装质量问题,本社负责调换)

前　言

　　煤炭是我国现阶段主要能源之一,为国民经济的发展提供动力的同时,也造成了资源浪费、地面沉陷及环境污染等问题,其负面影响已达到令人触目惊心的程度。因此,如何合理利用有限的煤炭资源实现社会、经济和环境效益最大化,应是我国煤炭工业可持续发展中迫切需要解决的重大科学与技术问题。与石油和天然气相比,煤炭中 H 含量低,H/C 原子比低,S、N 及 O 等杂原子含量高且富含缩合芳环,是其作为清洁能源利用的不利因素。但将这些特点与煤炭独特的类分子筛结构特征结合,可使煤炭作为新材料制备原料具有得天独厚的优势。基于煤炭的这些独特的物理化学结构特点,开发研究煤炭新材料化的理论和技术,有助于节约煤炭资源和提高煤炭的利用附加值,减少煤炭利用过程中污染排放,治理煤炭开采中的自燃灾害,提高新型高效无卤阻燃材料的综合性能,对煤炭企业结构转型及技术创新具有十分重要的现实意义和参考价值。

　　本书以煤炭自燃防治和新型无卤阻燃材料为应用背景,基于煤的特殊纳米孔隙结构和煤基腐殖酸分子的酸性官能团结构,在超细煤的纳米孔道中原位合成腐殖酸柱撑金属双氢氧化物(LDHs,水滑石),制备具有自修复功能的煤基水滑石矿物复合材料。研究 LDHs 在煤大分子网络及孔隙受限条件下合成腐殖酸原位柱撑纳米结构 LDHs 的方法,探讨控制晶形结构特征、热稳定性及阻燃性能的关键因素;阐明该纳米矿物阻燃材料的结构、热性能与其阻燃性能的关系;研究腐殖酸对 LDHs 的插层作用及对其热性能的影响,分析其热分解过程及其热效应与温度的关系,揭示 LDHs 结构自修复功能和预防煤自燃的作用机理。研究内容为开拓该纳米复合矿物材料在煤炭自燃防治中的应用提供理论支持,为无卤阻燃新材料制备提供基础研究数据及新方法。

　　本书内容是矿物材料和煤化学等学科的交叉领域,以水滑石矿物材料特殊结构和阻燃性能,以及煤的特殊大分子结构为理论基础,以煤自燃防治和无卤阻燃为应用背景,提出了合成具有自修复功能 Zn/Mg/Al-LDHs/煤纳米复合阻燃材料制备的新思路,通过揭示 Zn/Mg/Al-LDHs 与煤或腐殖酸之间的阻燃协同机理、结构记忆机理和结构变化过程中的热效应变化规律,为该新型矿物材料的制备和应用提供理论指导。

　　本书涉及的理论及应用技术的研究过程,离不开博士生导师周安宁教授、博士后导师邓军教授及著名防灭火专家文虎教授、陈晓坤教授、罗振敏教授、张辛亥教授的指点,研究生贾雪梅、肖利利、李毅恒等参与了大量实验测试和数据采集工作,在此表示深深的感谢。

本书在编写过程中,参阅了同行们的文献资料,在此深表谢意。在完成本书过程中,西安科技大学安全科学与工程学院国家教育部创新团队邓军教授、文虎教授、罗振敏教授、金永飞教授、刘文永、张玉涛、李亚清以及部分研究生提供了大力支持和密切配合,再次一并表示感谢!

感谢国家自然科学基金委和陕西省科技厅对本书的出版提供的支持和帮助。

由于作者水平有限,书中错误在所难免,希望读者不吝指正,将不胜感激。

作 者

2018 年 5 月

目　录

1 绪 论

1.1 研究背景和意义

煤炭是我国主要的不可再生能源,长期以来作为初级能源直接用于燃烧,不仅转化利用率低,且造成严重的环境污染。基于煤炭独特的物理化学结构特点及富碳优点,研究煤炭的非能源利用新理论与新技术,并开发新型煤基复合材料,可以有效提高煤炭的利用附加值,节约能源并充分实现煤炭的洁净高效利用,因而具有十分重要的意义。

煤基复合材料是以煤为原料,采用共混或者物理化学方式与其他物质如有机高分子等相互作用的产物。相对于煤基高分子复合材料的理论及应用研究的日益完善,煤-无机物复合材料的研究报道较少。

煤是一种天然有机矿物,尤其是低变质煤不仅具有发达的孔隙结构,而且具有类似木质素特征的官能团结构和大分子交联网络结构,其大分子链的结构单元以缩合芳环为特征,有丰富的酚羟基、羧基等官能团与之相连。低变质煤中含有一定量的原生或经空气氧化所产生的腐殖酸。腐殖酸是一种复杂的天然有机物,其分子量分布较宽,其分子内含有羰基、羧基、醇羟基和酚羟基等多种活性官能团。根据其在水中、碱中的溶解性不同,可分为水可溶性黄腐殖酸、碱-丙酮可溶性棕腐殖酸和碱可溶-丙酮不溶性黑腐殖酸。腐殖酸通常具有离子交换、吸附、络合等性质,以及良好的渗透性与分散性,且能有效地分散金属氧化物,因此它在实现无机矿物在煤孔道及表面原位合成且纳米分散,制备煤/无机纳米复合材料上具有良好的物理化学结构基础,是本研究的理论依据。

我国煤矿自然发火现象非常严重,已成为制约高产高效矿井安全生产与健康发展的主要因素之一。据统计,56%的煤矿存在自然发火灾害隐患,占火灾总数的 85%~90%。近年来,神东矿区年发生煤炭自热(煤自燃的前期阶段)现象 5~10 次,给该地区煤矿的安全生产带来极大威胁。目前,煤矿、电厂等煤炭相关企业中常用的煤炭自燃防灭火材料主要有含卤阻化剂、水灰浆、黄泥浆、高分子-粉煤灰复合胶体和煤粉浆等[1-3],存在使用量大、对煤质的影响大、燃烧产物污染大及烟气密度高等缺点,并且大多是煤层发生火灾后使用的灭火材料,对煤自燃的预防效果不佳,不能针对性地解决煤炭自热阶段以前因自燃产生的热量的吸收与转移问题,达不到有效防止煤自燃的目的,从而给煤炭开采、运输、储存等环节带来了重大安全隐患。另外,这些灭火材料通常缺乏自主修复功能,不可重复利用,因而造成严重浪费。针对性地研制在煤的自热温度范围内,具有良好吸热作用及自修复功能的煤炭防灭火新材料,对于预防煤炭的自燃灾害具有非常重要的意义。

层状双羟基氢氧化物(layered double hydroxides,LDHs),又称水滑石,是一类层间具有可交换阴离子的无机晶体材料,主要包括水滑石(hydrotalcite,HT)、类水滑石(hydrotalcite-like compound,HTLc)和柱撑水滑石(pillared hydrotalicite,PHT)[4],是近年来发现的可使聚合物材料具有良好阻燃性能的无卤阻燃剂,具有环保抑烟及组成可调变等优势,给阻燃技术领域带来革命性进步。LDHs 具有记忆效应,也称焙烧复原性[5],是指它在低于600 ℃煅烧后形成的双金属氧化物(LDOs)在适当条件下(如含有 CO_3^{2-} 等阴离子水溶液中)可复原为与 LDHs 前体类似的组成及层状结构,焙烧复原产物的结晶度较 LDHs 前体有所降低。焙烧复原产物的组成与焙烧温度、时间及复原条件有关。

王国利等[6]研究了蒙脱土对煤基复合材料阻燃性能的影响,发现煤可以促进纳米炭层结构的形成,从而提高了聚合物复合材料的阻燃性,超细煤粉与层状硅酸盐之间存在协同效应。随着 LDHs 在聚合物阻燃改性研究成果的日益丰富,人们也发现通过共混技术或者表面改性技术,可充分发挥 LDHs 及与其他阻燃剂如磷酸三聚氰胺(MP)、溴酸(BA)等商业阻燃剂的协同阻燃效应[7-9]。

综上所述,本书基于煤特殊的类分子筛多孔结构和芳香大分子网络结构,研究具有自修复功能的层状双羟基氢氧化物/煤纳米复合材料的制备方法,探讨煤大分子与 LDHs 之间的相互作用,开拓该纳米复合矿物材料在煤炭自燃防治和无卤阻燃剂方面的应用,不仅具有重要的理论意义,还具有良好的应用前景。

1.2 煤的结构

煤是一种天然有机矿物,特别是中低变质程度煤不仅具有发达的孔隙结构,而且具有类似木质素特征的官能团结构和大分子交联网络结构,其大分子链的结构单元以缩合芳环为特征,有丰富的酚羟基、羧基等官能团与之相连。

1.2.1 煤的孔结构

煤的孔结构主要是指其芳香层间的层间隙及相界面空隙,是煤的物理结构的主要部分。煤的大分子基本结构单元在苯环二维平面上存在一定有序性并倾向于平行堆垛,这是由于平行堆垛时芳环体系能量最低[10]。张广洋等[11]用 X 衍射法研究了煤大分子的堆垛结构,发现其芳香层平行堆垛的规律性如表 1-1 所列。

表 1-1　　　　　　　　　　　　煤芳香层片的平行堆垛情况[11]

序号	碳含量/%	芳香层在不同高度层数芳香层组中的分布									平均芳香层组高度/层数	平均层间距/Å
		1	2	3	4	5	6	7	8	9		
1	87.70	37	11	22	8	1	7	9	5	0	1.79	3.49
2	88.43	20	48	7	12	1	7	5	0	0	1.85	3.47
3	89.38	27	27	20	5	13	1	1	1	5	1.92	3.45

作为固态胶体的煤,其内部存在着许多孔隙。煤的孔隙具有分子筛结构特征,孔径在 2~4 nm,孔之间以 0.5~0.8 nm 的微孔为连接通道。煤的孔径大小并不是均匀的,有微孔,其直径小于 1.2 nm;过渡孔,孔径为 1.2~30 nm,其中多数小于 10 nm;大孔,孔径大于 30 nm。煤的孔隙结构较发达,其孔径分布和煤化程度有着密切的关系:① 碳含量低于75%的褐煤,其粗孔占优势,过渡孔基本没有;② 碳含量在 75%~82%之间的煤,过渡孔特

别发达,孔隙总体积主要由过渡孔和微孔所决定;③ 碳含量在88%~91%的煤微孔占优势,过渡孔一般很少。煤的表面积包括外表面积和内孔表面积两部分。煤的表面积主要是内孔表面积,外表面积占的比例较小。煤的比表面积随着煤化程度的变化而呈现一定规律的变化,即变质程度较低的煤和变质程度较高的煤具有较高的比表面积,中等变质程度煤的比表面积较小,这反映了煤化过程中,煤中大分子空间结构的变化。

图 1-1 为煤的孔隙率与变质程度的关系,由图可知:变质程度低的煤,其孔隙率基本在10%以上;然后随着变质程度的升高,煤的孔隙率下降,中等变质程度的煤(碳含量90%附近)其孔隙率达到最低,约 3%;随煤的变质程度继续加深,其孔隙率又表现出增加的趋势[12]。神府 3⁻¹煤的孔结构分析结果表明,其最可机孔径为 0.865 nm,平均孔径为 3.173 nm,均在纳米尺度范围内[11]。

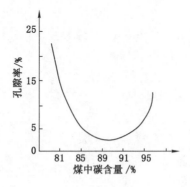

图 1-1 煤孔隙率和变质程度的关系

1.2.2 煤的化学及物理结构

(1) 煤结构的研究方法

煤是由有机大分子相和小分子相组成的复杂混合物,煤的组成多样性是煤的最基本特征之一[13]。为深入了解煤的结构,目前研究思路主要集中在两个方面:一是通过现代分析测试手段,对能够有效代表煤结构的模型化合物、煤中溶剂可溶性组分进行分析表征及建模,并逐渐提高模型对煤结构特征的代表性;二是通过对煤物理化学反应过程(裂解、机械力化学)产生的小分子碎片的分析表征,采用逆推思维和统计学方法,还原煤结构的真相[14]。

因此,有关煤结构研究方法可归纳为四类[15]:① 化学研究方法:通常为煤中的官能团分析、高真空热解分析、热重分析、氧化、卤化、烷基化等,为煤结构研究提供丰富的分子碎片基础数据,但存在分析程序复杂、周期较长等缺点。② 物理研究方法:如 X 射线衍射、红外光谱、核磁共振波谱、原子力显微镜,以及物理常数测定等进行结构解析的方法等。③ 物理化学研究法:如溶剂抽提和吸附性能测试等。④ 计算机辅助分子设计:这是在分子图形学、分子力学、量子化学和计算机科学基础上发展起来的结构研究方法。

(2) 煤的官能团结构

煤结构单元的外围部分包括大量的烷基侧链、含氧官能团和少量含氮、含硫官能团。由于氧的存在形式及其分布对煤质影响很大,进行官能团分析时,通常把重点放在含氧官能团上[16]。

煤中含氧官能团主要为羧基(—COOH)、羟基(—OH)、羰基(C =O)、甲氧基

（—OCH$_3$）和醚键（—O—）。羧基广泛存在于泥炭、褐煤和风化煤中，而在烟煤中已几乎不存在（当含碳量大于 78％时，羧基已基本不存在）；羟基存在于泥炭、褐煤和烟煤中，是烟煤的主要含氧官能团，绝大多数煤只含酚羟基而醇羟基很少；羰基含量较少，广泛存在于泥炭到无烟煤的全过程，在煤化度较高的煤中，羰基大部分以醌基形式存在；甲氧基仅存在于泥炭和软褐煤中，随煤化度升高甲氧基的消失比羧基还快；醚键也被称为非活性氧，相对不易起化学反应和不易热分解。

烷基侧链是煤的重要组成部分。通过温和氧化方法（150 ℃，氧气）将煤中的烷基侧链氧化成羧酸，采用元素分析和红外光谱测定羧酸含量，可求出不同煤种的烷基侧链平均长度。研究表明，烷基侧链长度随煤化度的增加而很快减小。

煤中烷基侧链中甲基占大多数，并且随煤化度增加所占比例不断增大，如图 1-2 所示。煤中碳含量为 80％时，甲基碳占总碳 4％～5％，占烷基碳 75％左右；碳含量为 90％时，甲基碳占总碳约 3％，占烷基碳则大于 80％。除甲基外，还有乙基、丙基等，碳原子数越多其所占比例越低。

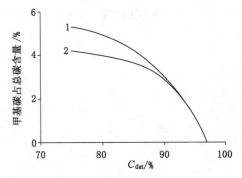

图 1-2　煤中甲基碳含量与煤化度的关系
1——氧化法；2——热解法

煤中的含硫和含氮官能团主要包括硫醇（R—SH）、硫醚、二硫醚（R—S—S—R'）、硫醌及杂环硫等。一般来说，褐煤中有机硫的主要存在形式是硫醇和脂肪硫醚，烟煤中为噻吩环（主要为二苯并噻吩）。煤中含氮量多在 1％～2％，50％～75％的氮以六元杂环吡啶环或喹啉环形式存在，此外还有胺基、亚胺基、腈基和五元杂环吡咯和咔唑等。

（3）煤的化学结构模型

自第一个煤结构的 Fuchs 模型于 1942 年在宾夕法尼亚大学建立以来，经过煤化学家的不懈努力，现已提出了多达 134 种以上的煤结构模型[17-19]。随着现代分析技术的发展及计算机模拟技术在煤结构模拟领域的应用，煤结构模拟呈现了向高煤阶范围扩大、二维绘画模型向 3D 计算机模拟形式转化、模型复杂度不断增加等趋势发展。经典的烟煤结构模型有 Given 模型[20]、Wiser 模型[21]、Solomon 模型[22]、Shinn 模型[23]及本田模型[24]等，揭示了煤结构中芳香层大小、芳香性、杂原子、侧链官能团及不同结构单元之间键合类型及作用方式等化学特性，如图 1-3 至图 1-5 所示。其中，本田模型考虑了低分子化合物的存在，它是最早设想煤的有机大分子中存在低分子化合物的结构模型。缩合芳香核以菲环为主，结构单元之间有比较长的次甲基桥键相连，对氧的存在形式考虑比较全面，不足之处在于没有考虑氮和硫原子的存在。

（4）煤的物理结构

Hirsch 模型（图 1-4）[25]、两相结构模型（图 1-5）[26]及缔合模型[27]等煤结构物理模型的提出，完善了人们对煤物理结构特性的认识。其中，两相模型称为主-客（host-guest）体模型，是由 Given 等人 1986 年根据 NMR 氢谱，发现煤中质子的弛豫时间有快慢两种类型而提出的。煤中有机物大分子多数是交联的大分子网络结构，为固定相；低分子因非共价键力作用嵌在大分子网络结构中，为流动相。低阶煤中，离子键和氢键占大多数；在高阶煤中，

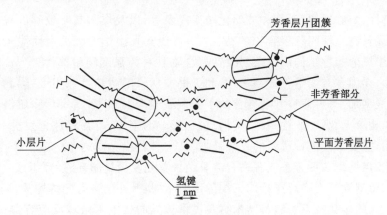

图 1-3 煤的结构模型

π-π电子相互作用和电荷转移力起着重要的作用。各种键合作用力与碳含量之间存在一定的关系。煤中的分子既有共价键结合(交联),也有物理缔合(分子间作用力)。大分子相中由于交联作用形成一定的开口孔隙,而小分子相通过电子授受键(EDA)与大分子相结合,存在于大分子相的表面或者藏在大分子相的孔隙中[28]。该模型受到人们的广泛认可[29]。

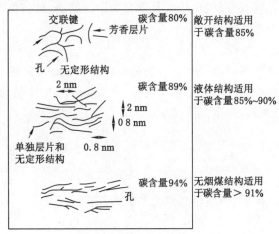

图 1-4 Hirsch 模型

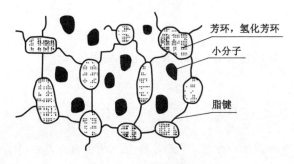

图 1-5 两相结构模型

煤的结构特点是煤材料化应用的基础,也决定了煤在开发功能新材料方面的潜在优势。

煤的部分溶解性、溶胀性、黏弹性和玻璃化转变现象等,以及煤与其萃取物红外光谱的相似性,都表现出煤具有交联网状聚合物的特性[30],可使其直接作为有机刚性粒子用于聚合物复合材料,其中煤的芳香结构可以改善线性聚合物材料的强度和耐热性[31-32]。与普通芳香族聚合物相似,煤中含有大量芳香结构,有利于提高材料的耐热性和强度;煤具有一定的脆性,不易塑化成型加工,可通过共混复合的手段制备复合材料[33-34]。但是,煤结构的特殊性在于无统一结构单元、高度非均一性、结构复杂、影响因素多,且易释放挥发分等,如果直接作为材料应用,需要对其进行适当的改性处理[35]。

综上所述,煤是由多种芳香或者缩合芳香结构单元及少量脂环、杂环组成。结构单元之间由氢键及亚甲基键等交联键连接成三维的网络结构,另外还带有侧链烷基、羟基、羧基、甲氧基等基团。煤的多孔性可为制备纳米材料提供天然的微纳米限域反应容器;煤中含有丰富的表面活性官能团和低分子化合物有利于化学改性,并可增强煤与聚合物的相互作用,为煤材料化利用以提高煤综合利用效率提供充分的理论基础。

1.2.3 煤的氧化反应研究

煤氧化处理是对煤进行化学改性的重要方法,同时,煤的低温氧化是煤自燃过程等诸多物理化学现象的本征反应。因此,研究煤的氧化过程具有十分重要的理论意义。由于煤组成及结构的复杂性,其氧化过程机理研究是煤化学中的难题,目前仍没有得到定论。关于煤的氧化过程目前有以下几种观点[36]:

(1) 自由基链锁反应机理

自由基链锁反应机理是借鉴烃类化合物的自由基氧化过程而提出的煤炭氧化理论。氧分子在煤表面某些活性位点产生化学吸附,由于表面诱导相互作用,氧分子中的一个键削弱甚至断裂,生成氧化自由基,产生以下反应:

$$-\overset{|}{C}H_2 + O_2 \longrightarrow -\overset{.}{C}H_2 + O\overset{.}{O}H \tag{1-1}$$

$$RH + O_2 \longrightarrow \overset{.}{R} + O\overset{.}{O}H \tag{1-2}$$

烃类自由基再与氧反应,可生成过氧化物自由基:

$$\overset{.}{C}H_2 + O_2 \longrightarrow -\overset{O-O\cdot}{\underset{|}{C}H} \tag{1-3}$$

它们也可能彼此结合:

$$R + \cdot HO_2 \longrightarrow ROOH \tag{1-4}$$

氧自由基与煤中富氢部分反应生成比较稳定的氢化过氧化物:

$$-\overset{O-O\cdot}{\underset{|}{C}H} + H_2C-CH_2 \longrightarrow -\overset{O-OH}{\underset{|}{C}H} + H_2C-\overset{.}{C}H \tag{1-5}$$

后者在低温下具有相当的稳定性,受热分解生成两个自由基:

$$-\overset{O-OH}{\underset{|}{C}H} \longrightarrow -\overset{\overset{.}{O}}{\underset{|}{C}H_2} + \cdot OH \tag{1-6}$$

当氢过氧化物积累到一定浓度,在某温度下氧化自动加速。链锁反应持续进行,放出的热量不能有效传递出来,而发生逐渐积累,温度升高一旦达到煤的着火点温度就会引起自燃。尽管到目前为止上述过氧化物还没有能有效分离出来,但已发现经过氧化的煤能氧化氯化亚锡和硫氰亚铁等还原性盐类。A. H. Clemens 等[37]用等温微分热重分析,程序升温扩散反射傅里叶变换红外光谱和质谱研究了煤在 O_2 和空气中的氧化,发现气相氧化符合自由基历程:煤中桥键先形成自由基,吸附氧并形成过氧化物;然后羟基均裂形成氧自由基,C—C键断裂形成醛和碳自由基;醛的C—H键均裂形成羰基自由基,再吸附氧形成过氧酸,而后与醛复合形成羧酸。

(2) 氧化水解机理

实验证明有少量水存在可提高煤氧化反应速率,故有人提出煤氧化不是简单的氧化,而是氧化水解。煤中的脂肪碳—碳键,如果连有亲电子活性基团(—OH,—O—, $\diagdown$ C=O)可能因水解而断裂,反应式如下:

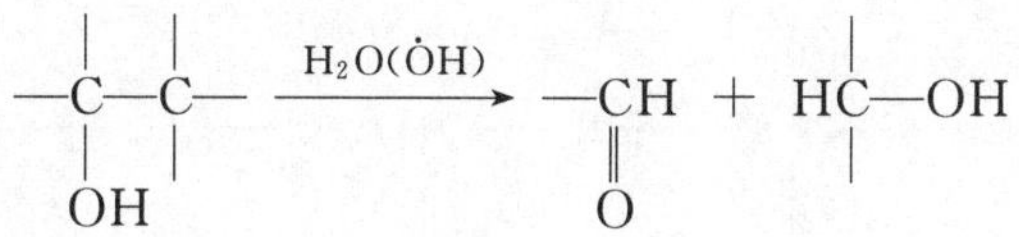

$$
\begin{array}{c}
\overset{|}{\underset{|}{C}}-\overset{|}{\underset{OH}{C}}- \xrightarrow{H_2O(\dot{O}H)} \quad -\overset{|}{\underset{O}{C}}H \ + \ H\overset{|}{C}-OH
\end{array} \tag{1-7}
$$

(3) 酚羟基氧化机理

实验发现酚羟基在氧化中起重要作用,并由此提出煤的酚羟基氧化机理。可用反应式(1-8)所示,按这一机理,芳香结构可以氧化首先生成酚羟基,再经过醌基发生芳香环破裂,生成羧基。

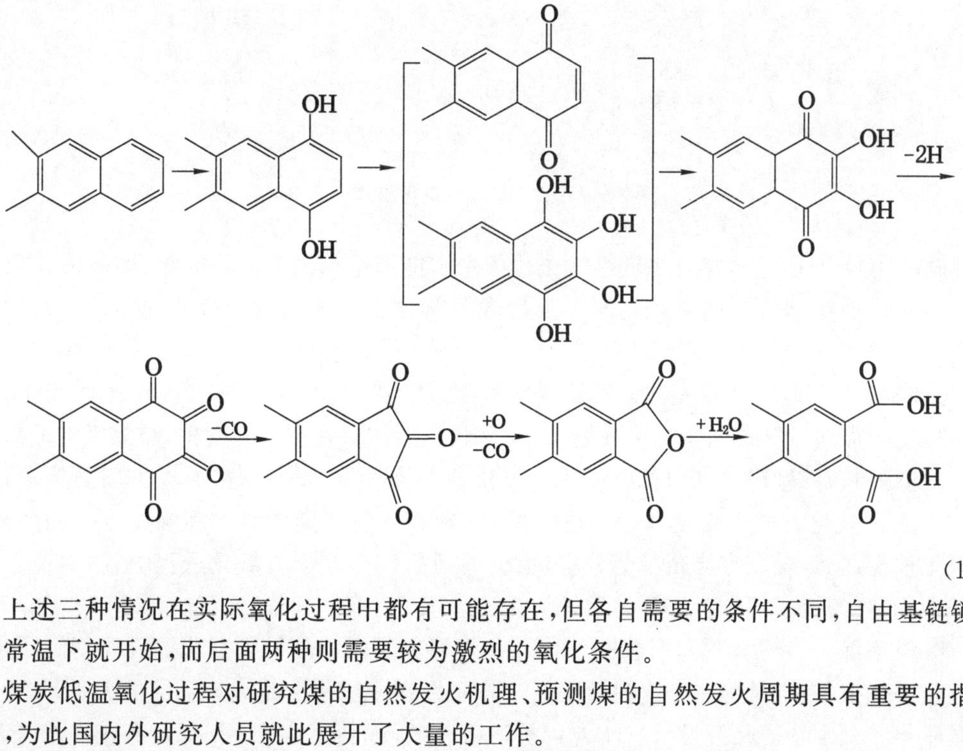

$$\tag{1-8}$$

上述三种情况在实际氧化过程中都有可能存在,但各自需要的条件不同,自由基链锁反应在常温下就开始,而后面两种则需要较为激烈的氧化条件。

煤炭低温氧化过程对研究煤的自然发火机理、预测煤的自然发火周期具有重要的指导作用,为此国内外研究人员就此展开了大量的工作。

H. Wang 等[38]运用气相色谱研究了煤在低温下(低于 100 ℃)氧化的气体产物,提出多步自由基反应历程的煤低温氧化机理,如图1-6所示。煤氧化的两个阶段中,产物组成是不同的。第一阶段的主要特点是氧碳比(O/C)增加;第二阶段是在氧碳比(O/C)增加的同时,氢碳比(H/C)在减小。第一阶段快速生成的气相产物有 CO_2、CO 和 H_2O。这一反应过程可简单地用下式来表示:

$$煤 + O_2 \longrightarrow k_1 CO_2 + k_2 CO + (其他) \tag{1-9}$$

式中 k_1、k_2 是化学计量系数,(其他)是如 $H_2O(g)$ 以及 CH_4 等烃类小分子的其他气体产物,该反应与煤的特性有关。

该反应的历程如图1-6所示。该机理很好地解释了煤在低温氧化过程中生成的产物主要有酸、醇和酯以及气体产物如 CO、CO_2 等。

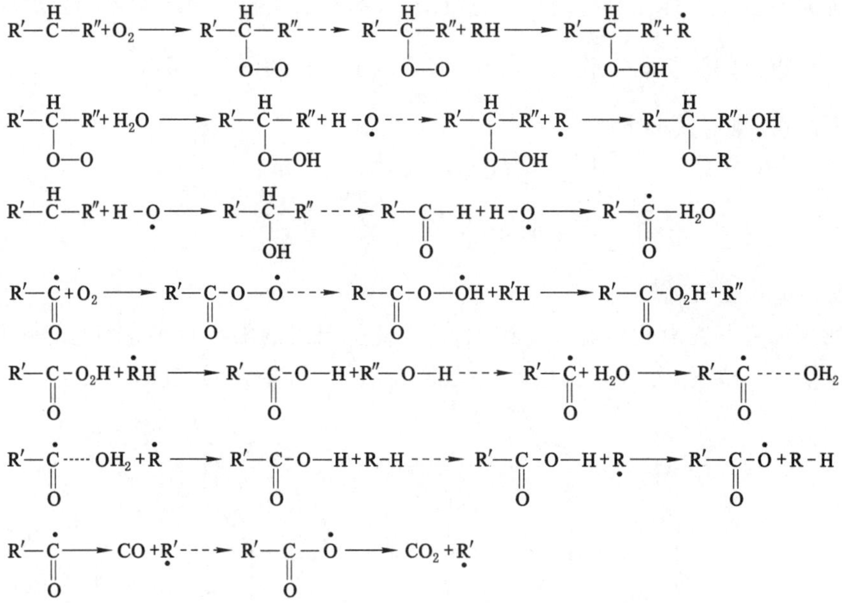

图 1-6　煤低温氧化机理

葛岭梅等[39]通过对神府煤低温氧化过程中官能团结构演变的研究指出,神府煤低温氧化后,甲基、亚甲基等脂肪烃侧链与氧反应导致其含氧官能团增加和芳香族部分相对比例提高。

王晓华等[40]通过红外光谱分析发现在氧化过程中,煤分子结构发生规律性变化,随着氧化程度的加深,煤中碳、氢含量逐渐减小,氧含量增加。在空气介质中,被煤吸附的氧分子首先与侧链和桥键发生反应,析出 CO、CO_2 和烃类等气体,氧原子主要攻击脂肪族取代基,通过生成过氧化物进入煤结构中,整个过程表现为含氧基团的增多和脂肪族基团的减少。随氧化程度加深,含氧官能团脱落分解,逸出不同的气体产物。氧化过程中,脂肪烃含量明显减小,而煤的核心部分芳环没有明显变化。

董庆年等[41]用傅里叶红外发射光谱法原位研究了褐煤的低温氧化过程,用峰拟合程序处理光谱数据,在定量的基础上讨论了煤中各主要官能团的变化规律。结果表明,作为褐煤低温氧化的一个特征是芳烃 C—H 含量的逐渐递增,这主要是由于褐煤含有较多羧基,其中芳酸的部分羧基发生脱羧的结果。

腐殖酸是煤空气氧化过程的主要产物,生成腐殖酸反应的表观活化能随煤化程度增加而增大,V_{daf}为 40% 的煤,活化能约为 84 kJ/mol;V_{daf}为 20% 的煤,活化能约为 168 kJ/mol。可见年轻煤比年老煤容易氧化。煤气相氧化时在 70 ℃ 以下速度很慢,只能生成过氧化物基团和少量酸性基团,基本没有腐殖酸生成;反应温度在 70～150 ℃,反应加速,过程变为扩散控制,析出气体中 CO_2 比 CO 多,有腐殖酸生成;150～250 ℃ 腐殖酸产率达到最高值;超过 250 ℃,由于脱羧和其他氧化反应使腐殖酸产率下降。在气相中进行深度氧化时反应选择性很差,苯羧酸产率很低,大量生成的是二氧化碳和水。

1.2.4　煤基材料研究进展

煤基材料主要包括以煤为原料间接制备得到的聚合物材料(如聚乙烯、聚苯烯和聚甲醛等)[42-44],通过煤热解高温转化等方法制备得到的新型碳材料[45-46],以及基于煤的大分子结构和孔结构特征,通过共混、原位聚合或共沉淀等方法制备得到的煤基复合材料[47],如煤/聚乙烯共混物材料[48]、煤/聚苯胺功能复合材料[49-53]、煤/尼龙 6 复合材料[54-58]等。其中,煤基复合材料具有制备方法简单、成本低和基本无碳排放等优点,是煤深加工利用、延长煤炭产业链的重要途径[59]。

目前,关于煤基复合材料的研究主要涉及煤与有机聚合物共混材料或原位聚合复合材料等,有关无机物/煤复合材料的研究报道较少。无机层状材料(如蒙脱土、水滑石类化合物等)具有组成和性能多样化,性能和结构可调控等特点,近年来受到人们的广泛关注。我们基于 LDHs 结构组成的可设计性,以及煤的孔结构和官能团特点,提出一种煤与无机材料相复合的新型纳米功能材料研究思路,并探索其在煤炭自燃阻燃防治、聚合物阻燃材料等领域的应用。

1.3　水滑石类化合物的结构性能及应用

1.3.1　水滑石的结构

天然水滑石于 1842 年在瑞典首次发现,其结构独特、性能优良、用途广泛,是目前发达国家精细化工界积极开发和利用的新材料[4,60]。其结构类似于水镁石 $Mg(OH)_2$,由 MgO_6 八面体共用棱形成单元层,位于层上的 Mg^{2+} 可在一定范围内被 Al^{3+} 同晶取代,使得 Mg^{2+}、Al^{3+}、OH^- 层带有正电荷。层间有可交换的阴离子与层板上的正电荷平衡,使得这一结构呈电中性。LDHs 与天然水滑石的结构相似。研究结果表明,LDHs 是由带正电荷层板及层间阴离子堆积而成的化合物,层板间以弱化学键(氢键)连接并具有可交换的阴离子(如 CO_3^{2-}、Cl^- 等),位于层间的结晶水和阴离子可以断旧键、成新键,使其在层间自由移动。由于层间阴离子及层板元素种类数量不同,从而具有许多不同的组成和晶型形式。LDHs 的结构特征由层板的元素性质、层间阴离子的种类和数量、层间水的位置和数量及层板的堆积形式决定。水滑石类化合物的典型结构如图 1-7 所示。

水滑石组成通式为:$M^{2+}_{1-x}M^{3+}_x(OH)_2A^{n-}_{x/n} \cdot mH_2O$。其中 M^{2+} 为 Ca^{2+}、Mg^{2+}、Zn^{2+} 等二价金属离子;M^{3+} 为 Al^{3+}、Cr^{3+}、Fe^{3+} 等三价金属离子;

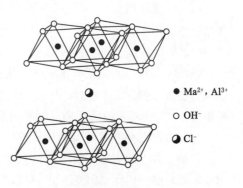

● Ma^{2+}, Al^{3+}
○ OH^-
◐ Cl^-

图 1-7　水滑石类化合物的典型结构

A^{n-} 为阴离子,如 CO_3^{2-}、NO_3^-、SO_4^{2-}、Cl^- 等。不同的 M^{2+} 和 M^{3+},不同的层间阴离子 A^{n-},便可形成不同的类水滑石。类水滑石类化合物具有和水滑石相同的结构,差别在于层上阳离子和层间阴离子的种类和数量。

1.3.2 水滑石的性能

（1）热稳定性

水滑石具有独特的热稳定特性,其加热到一定温度发生分解,热分解过程包括脱层间水,脱碳酸根离子,层板羟基脱水等步骤[61-62]。在空气中低于 200 ℃ 时,仅失去层间水分,对其结构无影响;当加热到 250～450 ℃ 时,失去更多的水分,同时有 CO_2 生成;加热到 450～500 ℃ 时,CO_3^{2-} 消失,完全转变为 CO_2,生成双金属复合氧化物（LDO）。在加热过程中,LDHs 的有序层状结构被破坏,表面积增加,孔容增加。当加热温度超过 600 ℃ 时,则分解后形成的金属氧化物开始烧结,致使表面积降低,孔体积减小,通常形成尖晶石。该 LDHs 的第一个分解吸热温度区间恰好与煤自燃过程第二阶段相近。

（2）记忆效应

陈天虎等[63]的 XRD 分析结果表明,在常温条件下,LDH 煅烧形成的方镁石结构氧化物可以很快重新水化形成 LDH,但 24 h 仍没有水化完全,600 ℃ 和 800 ℃ 煅烧样品经历 48 h加热水化作用后,LDH 煅烧产物方镁石结构镁铝氧化物固溶体完全水化为 LDH。对于层间阴离子主要为碳酸根的 Mg/Al-LDH,在 300 ℃ 左右脱除层间水,层结构发生收缩;400～800 ℃ 之间形成方镁石结构氧化物;温度高于 1 000 ℃ 方镁石结构氧化物进一步分解为尖晶石和方镁石混合物。在层状双氢氧化物脱除结构水形成氧化物的过程中可形成纳米孔隙,但仍保留原来 LDH 片状晶体假象形貌,并继承原来的晶体结构取向。煅烧形成的具有方镁石结构氧化物可以重新水化形成新生 LDH,重新水化形成的 LDH 结晶度比原来的 LDH 结晶度低。LDH 煅烧温度一旦超过 600 ℃,LDH 结构不能再恢复,纳米孔结构仍然保持,常将该现象称为 LDH 结构记忆功能[64]。关于记忆功能机理已有相关报道,一种常见机理是对 A. J. Marchi 以及 C. R. Apesteguía 提出的 retro-topotactic 转变理论相补充的溶解-重结晶机理[65-66],尚待更多的论证。LDH 结构的特殊记忆功能引起研究人员的广泛关注[67-68],主要是围绕该功能在合成多种类型 LDH[69] 以及制备高纯度金属氧化物催化剂[70] 过程中的应用研究。

（3）层板组成的可调变性

LDHs 层板组成中 M^{2+} 和 M^{3+} 可用其他同价、半径相近的金属离子代替,形成新的层状化合物。ZnMgAl 是常见的 LDHs 组成元素[71-73]。

（4）层间阴离子的种类及数量的可调控性

LDHs 层间的阴离子可与各种功能阴离子进行交换,从而使 LDHs 成为具有不同应用性能的超分子插层结构材料[74-75]。通过调变层板二价和三价金属阳离子的比例可调控层板电荷密度,从而调控层间阴离子数量得到所需的层状材料。

（5）粒径大小及其分布的可调控性

根据晶体学理论,调变 LDHs 成核时的浓度、温度,可以控制晶体的成核速度;调变 LDHs 晶化时的时间、浓度、温度,可以控制晶体的生长速度。因此,LDHs 的粒径大小及其分布可以在较宽的范围内进行调控。

1.3.3 水滑石的应用

由于 LDHs 独特的结构、组成，以及孔结构的可调变性和优良的催化性能，水滑石在催化、离子交换、吸附、医药等方面具有广泛应用。近年来，随着交叉学科研究领域的拓展，水滑石类层状材料作为无机功能材料在聚合物阻燃[76]、选择性红外吸收、紫外阻隔等方面也显示了优良的性能，在涂料、塑料、化妆品、农膜加工等方面展示了良好的应用前景。

（1）阻燃剂

LDHs 为层状无机阻燃材料，由于其特殊的结构和组成，受热分解时吸收大量热，能降低材料表面的温度，使材料的热分解和燃烧率大大降低[77]。以镁铝 LDHs 为例，其分解释放出的水和二氧化碳气体能稀释、阻隔可燃性气体；分解后的产物为碱性多孔性物质，比表面大，能吸附有害气体特别是酸性气体，同时可与燃烧时材料表面的炭化产物结合生成保护膜，切断热能和氧的侵入，因而具有阻燃抑烟双重功能。利用 LDHs 结构的可设计性，还可达到调变其阻燃性能的效果[78]，目前已经广泛用于增强各种高分子聚合物的阻燃性能[79-82]。

（2）热稳定剂

聚氯乙烯（PVC）是目前世界五大通用塑料品种之一，其塑料制品广泛应用于工业、农业、交通运输、国防、民用建筑等各个方面，但它还存在着一些难以克服的缺点，热稳定性差即是尤为突出的缺点之一。它在 180 ℃ 左右加工时，聚合物中的缺陷部位受热活化形成自由基，引发脱 HCl 的反应，形成共轭双键多烯使之颜色变深，随之各种物理性能恶化。通常为改善 PVC 的热稳定性，在加工过程中添加一定量的热稳定剂。水滑石可作为热稳定剂[83]。主要是因为它可中和吸收 PVC 降解时释放的 HCl。日本有商品牌号为萨克斯的系列产品，主要成分是平均粒径为 $0.5 \sim 0.7\ \mu m$，折光率为 $1.49 \sim 1.54$ 的镁、铝碱式碳酸盐型水滑石[84]。应用于热稳定剂，其安全性已被美国食品药物管理局（FDA）、日本 PVC 食品卫生协议会（JHPA）及欧洲各国认可[85]。

（3）催化剂或催化剂载体

LDHs 的层板上含碱性位，可作为碱催化剂[86]，主要应用于烯烃氧化聚合和醇醛缩聚两大类反应，有很高的稳定性、长寿命和高活性等优点[87]。LDHs 类层状化合物还可用于催化剂的载体。由它作载体制成的用于烯烃聚合的齐格勒纳塔催化剂与用由碱式碳酸镁作载体制得的催化剂相比，具有更高的活性和更好的对分子量的选择性。

（4）离子交换和吸附剂

LDHs 的阴离子交换能力与层间的阴离子种类有关，阴离子交换能力顺序是：$CO_3^{2-} > SO_4^{2-} > HPO_4^{2-} > F^- > Cl^- > NO_3^-$，高价阴离子易于交换进入层间，低价阴离子易于被交换出来[4]。另外，LDHs 由于具有较大的内表面积，容易接受客体分子，可被用来做吸附剂。目前，在印染、造纸、电镀等方面已有使用 LDHs 作为离子交换剂或吸附剂的研究报道。

（5）紫外吸收和阻隔材料

LDHs 经焙烧后表现出优异的紫外吸收和散射效果，利用表面反应还可进一步强化其紫外吸收能力，使之兼备物理和化学两种作用。大量实践证明，以其作为光稳定剂，效果明显优于传统材料，可广泛应用于塑料[88]、橡胶、纤维、化妆品、涂料等领域。

1.4　水滑石的制备

1.4.1　水滑石的制备方法研究

自然界中水滑石的含量较少,工业应用的水滑石一般通过人工方法合成,常见的合成方法有如下几种:

(1) 共沉淀法

用构成水滑石层板的金属离子混合溶液,在碱性环境中进行共沉淀是制备水滑石最常见的方法。它是在一定温度和碱性条件下,用相应的可溶性盐与碱反应来合成,可溶性的镁盐和铝盐分别采用硝酸盐、硫酸盐或氯化物等;碱可采用氢氧化钠、氢氧化钾、氨水等;碳酸盐可用碳酸钠、碳酸钾等。共沉淀法又分为以下几种:变 pH 法(又称单滴法或高过饱和度法)、恒定 pH 法(又称双滴法或低过饱和度法)等。

(2) 成核/晶化隔离法

成核/晶化隔离法[89]是将混合金属盐溶液 A 和碱溶液 B 在全返混旋转液膜成核反应器中迅速混合,剧烈循环搅拌几分钟后,将所得浆液在一定温度下晶化。成核/晶化隔离法是采用该反应器来实现盐液与碱液的共沉淀反应,通过控制反应器转子的线速度可使反应物瞬时充分接触和碰撞,成核反应瞬时完成而形成大量的晶核,然后在一定的条件下使晶核同步生长。该方法可以分别控制晶体成核和生长条件,从而最大限度地减少成核和晶体生长同时发生的可能性。

(3) 模板合成法

利用有机模板来合成具有从介观尺度到宏观尺度复杂形态的无机材料是一个新近崛起的材料化学研究方向。模板法制备无机物一般按照以下步骤进行:先形成有机物的聚集体,无机先驱物在有机物聚集体与溶液相的界面处发生化学反应,形成无机/有机复合体,将有机物模板去除后即得到具有一定形状的无机材料。常见的有机物模板主要有由表面活性剂形成的微乳、囊泡、嵌段共聚物、形态可控多呋、聚糖等。

(4) 焙烧还原法

这一方法是建立在水滑石“记忆效应”特性基础上的制备方法。将 LDHs 在一定温度下(一般不超过 700 ℃)焙烧 2~5 h,变成混合氧化物(LDO)。然后将其在含一定浓度的碳酸钠与氢氧化钠的混合碱液中振荡一定时间,然后过滤、洗涤至 pH 值约为 7,干燥 12~24 h,即可得到相应的碳酸根型 LDHs。

(5) 离子交换法

离子交换法是从给定的水滑石出发,溶液中的阴离子对原有的阴离子进行交换,形成新的柱撑水滑石。这是合成具有较大阴离子基团柱撑水滑石的重要方法。通常当溶液中的金属离子在碱性介质中不稳定,或当阴离子 A^{n-} 没有可溶性的 M^{2+}、M^{3+} 盐类,共沉淀法无法进行时,可采用离子交换法。

(6) 尿素法

尿素法是常用的 LDHs 制备方法[90]。配制好一定浓度的混合盐液,加入一定量的尿素,将该体系放入高压反应釜中,经过长时间的高温反应,利用尿素缓慢分解释放出氨以达到所需的碱量,使 LDHs 成核并生长。由于尿素溶液在低温下呈中性,可与金属离子形成均一溶液,当溶液温度超过 90 ℃时,尿素开始分解,并有大量氨形成,使得溶液的 pH 值均匀逐步地升高。该方法特点是体系过饱和度低,产物晶粒尺寸大,并且晶粒尺寸较均匀。

LDHs 通常为六方片状结构,晶粒尺寸在 $100\sim300$ nm,如图 1-8 和图 1-9 所示。常规方法合成的水滑石晶粒形貌一般为层板平直的六方片状,单一的形态限制了水滑石在更广泛领域的应用[91]。因此在较大范围控制水滑石的晶粒尺寸,探索特殊形貌水滑石的制备及性质,对于扩展其应用范围具有重要的理论意义。

 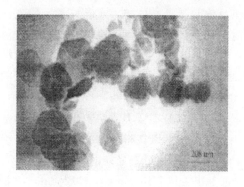

图 1-8　LDHs 的 SEM 形貌　　　　　　图 1-9　LDHs 的 TEM 形貌

实际上在晶体的生长过程中,加料顺序、沉淀方式、试剂的性质和浓度、成核温度、体系的 pH 值均可能影响 LDHs 晶体的形貌特征[21],同时超声辐射、分散条件等因素同样制约着晶体的生长。

1.4.2　不同制备方法对水滑石形貌的影响

共沉淀法制备的水滑石产物粒子一般为纳米级六方片状颗粒形貌。北京化工大学郑晨[91]采用尿素法在盐液中加入分散剂高温下进行水热处理,得到了绣球状的 Ni/Al 水滑石,如图 1-10 所示。Z. P. Xu 等[92]以 MgO 和 Al_2O_3 为前体,分别在中性和碱性水溶液中 100 ℃下水热处理,制备得到了颗粒尺寸较大的六方片状形貌 LDHs,同时观察到了沙漠玫瑰(sand-rose)状的粒子团聚形貌,如图 1-11 所示。E. Geraud 等[93]将聚苯乙烯微粒浸渍在 Mg^{2+}、Al^{3+} 反应液中,使得水滑石粒子在聚苯乙烯微粒间的空隙中生长,最后将聚苯乙烯溶解,得到了蜂窝状水滑石,如图 1-12 所示。

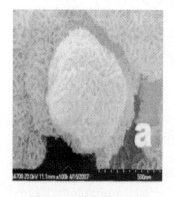  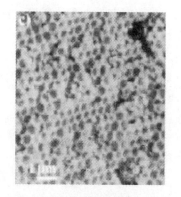

图 1-10　绣球状 LDHs　　　　图 1-11　沙漠玫瑰状 LDHs　　　　图 1-12　蜂窝状 LDHs

1.4.3 分散剂对水滑石粒径尺寸的影响

分散剂的作用机理可概括为空间位阻作用和静电稳定作用。空间位阻作用是由于在晶粒成核及生长过程中，表面活性剂吸附于生长中的颗粒表面，占据了颗粒的生长点，减缓颗粒的生长速度，使粒子的粒径变小。而静电稳定作用是由于分散剂使粒子周围形成一个带电荷的保护屏障，双层包围粒子，粒子间产生静电斥力，使分散体系稳定[94]。

1.4.4 过饱和度对水滑石粒径尺寸的影响

过饱和度是晶核产生或晶核长大的唯一推动力，过饱和度的大小直接影响着晶核的形成过程和晶体生长过程的快慢，而这两个过程又直接影响着结晶产品中晶体的粒度及粒度分布。成核初期，随着过饱和度的增加，成核速度和生长速度均增加，但进一步提高过饱和度，成核速度增长占优势。因此，过饱和度的提高有利于在溶液中析出细小的晶粒[95]，结晶物质转移到晶面并排列的有效速率直接影响到微粒大小。反过来说，降低过饱和度，能明显降低成核速率而不会影响微粒生长速率的降低，有可能促进颗粒的长大。因此，制备过程中采用足够的浓度以获得所需的过饱和度是绝对必要的。

1.4.5 模板对水滑石形貌的影响

J. X. He 等利用 Langmuri-Blodgett 方法定向生长 Mg/Al-Cl-LDHs 及 Ni/Al-Cl-LDHs 单层薄膜。云母片上负载 $K_2[Ru(CN)_4L]$ 化合物；LDHs 粒子与 $K_2[Ru(CN)_4L]$ 相互作用生长单层 LDHs 薄膜。A. P. Mariko 等[96]在水/乙二醇混合溶液体系中，通过尿素水解制备 Mg/Al-CO₃-LDHs。J. X. He 等[97]利用正辛烷-十二烷基磺酸钠-水乳液共沉淀反应得到纤维状 Mg/Al-CO₃-LDHs。利用乳液微水池的限域作用，可以窄化颗粒尺寸分布。

1.5 煤自燃防治

长期以来，煤炭自燃引起的火灾事故频发，成为煤炭工业的主要灾害，已严重制约了煤矿的安全高效开采、运输和储存，造成了煤炭资源的大量浪费及经济财产的严重损失[98]，同时，也造成了严重的环境污染。因此，煤炭自燃的防治技术日益受到人们重视。我国的煤炭自燃灾害尤为严重，国有重点煤矿中存在有煤炭自燃的矿井占矿井总数的 56%，因煤炭自燃引起的火灾占矿井火灾总数的 90%～94%[99]。新疆、内蒙古、宁夏、贵州等省(自治区)，现在还存在着大面积的煤田火灾，其每年燃烧损失 1 000 万～1 360 万 t 煤炭，直接经济损失超过 200 亿元[100]。其中，神东矿区开采的煤种为低阶长焰煤，挥发分高，燃点低，最短自然发火期仅有 18 d，具有严重的自燃倾向性，仅 1998～2004 年矿区周边发生自然发火就达341 次，迫切需要解决煤炭自燃防治问题[101]。

1.5.1 煤自燃机理

煤自燃是煤与氧气之间的物理、化学复合作用的结果[2]。煤对氧气的物理吸附、化学吸附和化学反应产生的热量，以及热量的聚集导致煤的自燃。煤自燃发生一般必须具备以下四个条件[102]：

(1) 煤具有自燃倾向性且呈破碎状态堆积；

(2) 有连续的通风供氧条件；

(3) 热量易于积聚——煤炭氧化所生成热量速度大于散热速度；

（4）上述三个条件同时存在，其持续时间大于煤炭最短自然发火期。

目前已提出多种煤自燃假说，如煤氧复合学说、生物氧化学说等，其中煤氧复合学说已得到广泛认可。煤氧复合学说认为，原煤自燃是由煤暴露在大气环境中持续发生氧化而引起的煤堆热量积聚，不断升温甚至燃烧的现象。由于这一氧化过程比较缓慢，通常称之为自热潜伏期。当煤的氧化放热反应进一步积累，煤体温度达到煤自燃的临界温度（60～80 ℃）后，氧化作用将自动加速，这一阶段称之为煤的自热期。自热期的发展有可能使煤温上升到着火温度而导致自燃。如果煤温达不到临界温度或由于散热而导致温度降低，煤便进入风化状态，风化后的煤不再发生自燃[103-104]。

1.5.2　煤炭自燃预防材料研究

基于煤炭自然发火条件，煤炭自燃防治措施主要从消除煤炭燃烧三要素之一入手，采用材料覆盖煤炭阻隔氧气吸附、降低氧浓度、转移煤氧化反应的生成热等方法，实现煤炭自燃的治理。

目前，应用较多的是采用防灭火材料实现煤炭自燃灾害的治理，而现实中大多是煤炭自然发火后采用灭火材料紧急消除火灾，没有从根本上去进行自燃的预防。目前开发研究较多的也是煤炭自燃灭火材料，如 N_2、CO_2 及湿式惰气[105]阻隔型材料，水或水溶胶等液相覆盖型材料，黄土、砂石、煤矸石、粉煤灰、水泥等组成的速凝堵漏材料，以及 $CaCl_2$、$MgCl_2$、$NaCl$ 等卤盐及硅凝胶等阻化材料等。常用注浆材料、充填堵漏材料和阻化材料的优缺点见表 1-2 至表 1-4。

表 1-2　注浆材料的优缺点

材料	优　点	缺　点	应用实例
黏土	粒度小，黏性良好，易成浆，便于输送；流动性、渗透性好，能填堵岩石和煤中的细小裂缝；密封性能好，不透气体	蓄水性能高，常从注浆区带出大量的细粒黏土而使水沟、主要巷道和水仓淤塞，费用高，耗费大量的农田且难以满足持续注浆的需要	国内许多矿区得到广泛应用
粉煤灰	颗粒表面光滑，易成浆，便于管道输送；流动性、稳定性好；密封性能较好；来源广泛，成本低，经济环保效益高	亲水性差，粒度大于黏土，黏性差，浆液脱水速度快，易沉降，容易发生堵管现象；堵漏效果差	兖州、平顶山、开滦、淮南、义马等矿区
煤矸石	可满足不同粒度需求，易悬浮；资源稳定，可满足持续注浆需求；减少矸石堆放量及所需耕地，利于保护耕地；减轻环境污染	黏结性和塑性较黏土差，制浆成本高；工艺系统复杂	兖矿集团南屯煤矿、四川芙蓉矿务局、华亭矿区
砂石	实现大流量注浆；脱水性好；易脱除；成本低，资源稳定，节约大量土地资源	粒径较粉煤灰、黏土大，包裹、覆盖、密封堵漏性差，密度大，易沉淀堵管和堵塞钻孔，渗透力差，易在注浆出口处堆积；浆液对管道的磨损严重	抚顺、辽源、鹤岗、阜新等矿区

表 1-3　　　　　　　　　　　　　充填堵漏材料的优缺点

材料	防灭火原理	优　点	缺　点
泥浆	充填胶结破碎煤体,堵住漏风供氧通道,防止破碎煤体自燃;加固巷道,维护其完整性	粒度小,黏性良好;流动性、渗透性好,能填堵岩石和煤中的细小裂缝;耐压程度可控	固化剂填充耗时,均匀度不稳定,制浆操作复杂;填充效率低;易堵塞泵体;易跑漏;需多次沉淀、间断进行
化学凝胶胶体	两种无机物水溶液渗透进入破碎煤体后通过化学反应形成含水量高、致密、黏性高的化学凝胶,填充缝隙、堵住漏风供氧通道,并利用内在水协同防灭火	可将流动水分子固定,从而充分发挥水分的防灭火作用;热稳定性好;成胶时间可调控;填充速度快;析水风化慢;操作简单,节约功效	填充效率低,不适于大面积填充作业;退火后水分蒸发较快,流动性较差,形成"盖帽"现象;成本高;氨气污染;水玻璃运输困难;耐压强度小
复合凝土	以黏土或者粉煤灰为骨料,加入促凝剂、收缩剂、缓蚀剂、固化增强剂形成一种凝固时间可调的高水、无污染、成本低廉的防灭火填充剂。可以密实填充煤体中的裂隙,硬化后具有一定强度,可以防止破碎煤体明显的滑移流变	含水量高,析水速度慢,凝固时间可调,密实固化性能稳定;风干失水后,整体稳定性较好,不会造成失水龟裂的二次漏风;吸贮水性强,阻化润湿期长	填充能力小,辅料吸水受潮问题严重,颗粒粒径要求高
速凝混凝土	① 支撑作用;② 充填作用;③ 隔绝作用;④ 转化作用	在填充隔绝的同时形成固定支护,容易去除;快速形成阻隔层,堵漏风效率较高	粉尘大,空气污染强度高

表 1-4　　　　　　　　　　　　　新型阻化剂的优缺点

材料	防灭火原理	优　点	缺　点
高聚物阻化剂	高聚物分子以及表面活性剂及少量助剂在煤颗粒表面固化,形成致密的固化层高聚物膜覆盖在煤的表面,隔绝煤和氧气,从而阻止煤的自燃	高聚物中的表面活性剂使得煤粒与阻化剂充分接触,高聚物能固化形成致密的固化层,既能形成致密碳层,覆盖煤体表面,隔绝氧气,又能充分捕获煤自燃氧化自由基,阻化煤氧化的进程,且可重复利用	高聚物稳定性差,氧化分解会释放出可燃性气体,加速煤自燃
泡沫阻化剂	化学泡沫是使用脲醛泡沫以及快速凝固而成的聚氨酯泡沫。物理泡沫则是稳定的低倍数泡沫或者在其中添加增塑剂通过机械搅拌形成的可塑性泡沫	泡沫的堆积能力和附着能力有限	泡沫阻化剂的稳定性差。由于泡沫始终要破碎,液膜难以持久存在于煤的表面,特别是煤的顶部、侧面。泡沫阻化剂的稳定性是主要的研究领域
复合阻化剂	将阻止自由基链反应的阻化剂(MMT等)与高聚物阻化剂(LDHs其他膨胀型阻化剂)复配制成了复合阻化剂	既能覆盖煤表面,减少了煤体与空气的接触,又能捕获煤氧化链反应中的自由基,实质性提高了煤自燃阻化效果,具有高效无毒、阻化成本低的特点,使得阻化煤具有较好的抗氧化性,长时间保持较高的热值	阻化剂分散均匀性

阻化剂是阻止煤炭氧化自燃的化学药剂,通常在煤自燃过程中起负催化作用。最近十几年新型阻化剂如复合阻化剂、高聚物乳液阻化剂、水溶性阻化剂和粉末状防热剂等相继涌现,现在较为关注的还有能够捕捉煤氧化过程产生游离基(自由基)的阻化剂。

三相泡沫材料是气相的氮气或者空气、固相的粉煤灰或者黄泥、液相的添加剂"三相物质"混合经发泡后形成的混合体,是新发展起来的一种煤炭自燃灭火材料。氮气等具有惰化、抑爆的特点,有效固封于泡沫中,随之破灭而释放;粉煤灰和泥浆作为防灭火材料面膜的一部分具有覆盖性,可保持泡沫的稳定性,泡沫破碎后均匀覆盖与煤之上,有效阻碍煤对氧的吸附,防止煤氧化;发泡稳泡形成的黏结性胶体的吸热阻化特性,通过黏结剂提高煤与材料的黏结性,弥补目前所采用的防灭火技术和材料的不足。但该材料仍仅适合于在矿井发生煤自燃灾害后使用,用于自燃防治仍有许多缺点,难以推广应用。

事实上,消除煤炭自燃的最有效和经济安全的方法是预防煤炭自燃。目前,在高效、环境友好的煤炭自燃预防材料的开发研究方面仍十分薄弱。

1.6 复配阻燃技术

1.6.1 复配阻燃技术

近年来,高分子材料在民用、工农业及国防等领域的应用日益普及。然而,由于具有可燃、易燃性,这类材料引发的火灾已给人民生命财产带来了严重损害。因此,阻燃技术及理论研究愈来愈受到人们的重视,极大地促进了新型阻燃高分子材料的快速发展。

随着科技进步及人们安全和环保意识的逐步提高,单一阻燃剂往往难以满足高效、环保、绿色及抑烟等性能需求,迫切需要新型阻燃技术解决这一问题[106-108]。阻燃剂复配技术是采用两种或两种以上阻燃剂复合作用于高分子材料,可综合不同阻燃剂的优势,使其性能互补,达到降低阻燃剂用量、提高材料阻燃性能、加工性能及物理机械性能等目的[109],已经逐渐成为阻燃领域的研究热点。

一直以来,复配协效阻燃技术在国内并没有得到足够的重视,而国外在这方面已取得了较为系统的应用研究成果。如德国科莱恩(Clariant)公司在很多年之前就发明了有机金属次磷酸盐(organometallic phosphinate)阻燃剂,该阻燃剂理论上完全可以单独用于玻璃纤维增强的尼龙66和PBT等基材的无卤阻燃改性,但是由于在应用中发现各种各样的问题,因而最终选择了将其进行协效改性,目前其在市场上广泛得到应用的商用牌号有OP1311、OP1312M以及OP1314等,均为复配协效型无卤阻燃剂;另外西班牙的布登海姆(Budenheim)公司的Budit 3167和Budit 3178这两个牌号的膨胀型阻燃剂(IFR)也是复配协效型无卤阻燃剂[110]。

1.6.2 煤基复配阻燃技术

由于石油、天然气等化石资源储量的相对短缺,煤炭作为一种储量丰富且具有芳香大分子结构的有机矿物,无论作为能源或是有机化工原料,其地位日益突出。长期以来,煤炭主要通过热转化作为燃料和部分化学品使用,存在利用效率低、环境污染大等缺点。煤稠环芳烃含量高,具有潜在的炭化阻燃作用[111-112],如周安宁等研究了煤与蒙脱土复合可提高PP的阻燃性能等,徐寒松[113]研究了添加剂煤粉、煤粉与聚磷酸铵(APP)混合体系对普通聚酯(PET)与含磷阻燃共聚酯(fPET)的阻燃性能等的影响。煤/APP阻燃体系分别与PET、 fPET 之间存在协同作用,使得 PET、fPET 炭化与阻燃性能得到改善;锥形量热测试结果发现煤/APP 阻燃体系的添加使 PET 热释放速率、最大热释放速率明显减少,其阻燃作用主要存在于凝聚相中;但煤/APP 阻燃体系使 PET 力学性能下降。

1.6.3 LDHs 复配阻燃技术研究

作为无机阻燃剂,LDHs 具有无卤、低烟及环保等阻燃优势,其阻燃抑烟作用主要表现为以下方面:LDHs 受热分解时吸收大量的热,可有效降低燃烧体系的温度热分解气体产物 CO_2 和 H_2O,可以稀释氧气浓度,并降低材料表面温度;LDHs 可表面形成凝聚相,阻止燃烧面的扩展;LDHs 受热分解后,可在材料内部形成高分散的大比表面积固体碱,吸附燃烧氧化产生的酸性气体。

国内外镁铝水滑石阻燃剂的工业化生产和应用尚处于起步阶段,日本制备与生产镁铝水滑石阻燃剂的方法与工艺条件完全处于保密状态。近年来,LDHs 与其他阻燃剂复配协同阻燃高分子材料,是 LDHs 在聚合物阻燃应用的主要研究方向之一,近几年取得了一系列的研究成果[114-119]。如 C. Manzi-Nshuti 等[120]研究了通过添加一种锌铝油酸酯插层水滑石与商业阻燃剂(MPP、APP、TPP、RDP、DECA 以及 AO)复配后对聚乙烯(PE)阻燃性能改进作用,当总添加量为 20% 时,APP 和 LDH 增加了 PE 复合材料的热稳定性,有助于焦炭的形成,ZnAl 导致热释放速率明显减小。DECA 以及 AO 的联合,有效增加了点燃时间以及 PHRR 的时间,而 LDH 减少了这两个参数。APP 和 MPP 不影响点火时间,但与原聚合物相比,极大增加了 PHRR 的时间。C. Nyambo 等[121-122]采用熔融共混法制备水滑石/EVA 复合材料,并采用 XRD、TGA 和锥形量热仪对其热性能和阻燃性能进行研究。结果表明,加入水滑石提高了 EVA 的热稳定性,且显著提高了 EVA 水滑石的阻燃性能。当 LDH 的添加量只有 3% 时,PHRR 减少量达到 40%。比较氢氧化铝(ATH),氢氧化镁(MDH)和氢氧化锌(ZH)与 LDHs 的热性能,可以发现 LDH 比 MDH 和 ZH 单独使用时更加有效。此外,马凯特大学研究小组系统研究了阴离子种类、金属离子种类以及有机改性等对 LDHs 在 PMMA 中纳米分散形态和阻燃效果的影响规律,并取得了系列研究进展[123-126]。赵芸等[127]将纳米尺寸 Mg/Al-LDHs 加入环氧树脂中制备成复合材料。结果表明,纳米 LDH 添加量在 0.20%~0.60% 范围内,就可显示出显著的抑烟效果,并可使环氧树脂的氧指数略有提高;研究认为 Mg/Al-LDHs 的阻燃作用遵从气相阻燃和凝聚相阻燃机理,多孔性、大比表面的 LDH 分解产物吸附了燃烧过程产生的碳烟,从而起到了抑烟作用。郑秀婷等[128]研究表明:添加 3~5 份 LDH,就可使 PVC 燃烧的最大烟密度下降 30%;加入 LDH 对 PVC 的力学性能没有不利影响,还使拉伸强度和断裂伸长率有所改善,同时 LDH 使 PVC 的热变形温度提高,提高了材料的热稳定性。

1.7 研究思路、内容和技术路线

1.7.1 研究思路

近年来,基于煤富碳、多孔及活性官能团多等结构特点,以及热稳定性高、热解残碳量大等应用优势,已成功开发了系列煤基新型材料。在煤基材料制备及应用相关理论研究方面取得了较大进展,为煤炭高附加值、低碳排放型高效利用开辟了新方向。

无机物/煤纳米复合功能材料制备及应用研究目前尚处于起始阶段,本研究因神府煤丰富的纳米孔道,独特的组成结构而以其作为 LDH 合成的限域反应器,以煤炭对金属离子(Zn^{2+}、Mg^{2+}、Al^{3+})的吸附螯合特性,及 LDH 类纳米无机材料形貌结构和性能可调控性为功能调控手段,以煤炭自燃防治新材料和新型复配阻燃剂为开发背景,通过对 Zn/Mg/Al-LDH/煤纳米复合材料的制备方法及影响因素研究,利用 XRD、FTIR、TG、DSC 等现代分析仪器手段,探讨 Zn/Mg/Al-LDH/煤纳米复合材料的制备理论和方法,研究 LDHs 对煤自燃的预防机理以及 LDHs/煤复合材料的协同阻燃作用,开辟无机物/煤复合材料制备及应用新领域。

1.7.2 研究内容

(1) 神府煤的结构及性质研究

选用超细神府煤作为原料,通过控制氧化温度和氧气流量等因素控制煤的氧化程度。通过化学分析并结合 FTIR、比表面积及孔结构等分析方法,表征氧化煤及其腐殖酸的组成分布及结构,以及煤的孔结构及其分布规律。

(2) Zn/Mg/Al-LDHs 的制备及结构性能研究

采用共沉淀法制备 Zn/Mg/Al-LDHs。通过腐殖酸簇组分分离方法,由不同氧化程度的煤分离制备黄腐殖酸、棕腐殖酸和黑腐殖酸,研究不同腐殖酸阴离子对 LDHs 的插层作用及其对层间结构和形貌的影响。

(3) Zn/Mg/Al-LDHs/煤纳米复合材料的制备及表征

采用原位共沉淀法制备 Zn/Mg/Al-LDHs/煤纳米复合材料:用离子交换方法将金属离子引入煤孔结构及其表面,以 NaOH 或者尿素为沉淀剂合成 LDHs/煤纳米复合材料;通过 XRD、SEM 和 TEM 分析研究 Zn/Mg/Al 的比例、腐殖酸的含量、煤的孔结构分布和孔径大小、沉淀剂种类及浓度等因素对 Zn/Mg/Al-LDHs/煤纳米复合材料形态结构的控制作用,提出煤中 LDHs 的生长机理。

(4) LDHs 在煤炭自燃防治中的阻化性能及阻化机理研究

通过煤自燃程序升温实验对色连煤样以及添加阻化剂前后,特征气体浓度以及氧化放热强度等参数,对比分析 LDHs 的抑制煤自燃特性;通过热重实验分析 SLC-LDHs 复配材料特征温度点的变化,从而进一步探索 LDHs 的阻化机理。

(5) Zn/Mg/Al-LDHs/煤纳米复合材料在煤炭自燃防治中的应用研究

利用 TG-DTA 分析和量热分析,研究 LDHs 的含量、种类对煤的特征温度点等煤自燃特征参数的影响,在煤自燃各阶段 Zn/Mg/Al-LDHs/煤纳米复合材料的结构形态的变化规律,进一步研究 LDHs 赋存方式对煤自燃阻化性能的影响。将经过不同温度热处理的 Zn/Mg/Al-LDHs/煤在腐殖酸水溶液中进行离子交换处理,用 XRD、SEM 和 FTIR 研究 LDHs 的结构自修复性能;用 DSC、TG/DTG 研究 Zn/Mg/Al-LDHs/煤复合材料的热性能及其结构"记忆"功能,为制备具有自修复功能 Zn/Mg/Al-LDHs/煤纳米复合材料提供理论基础,充分揭示自修复功能可在预防煤自燃防灭火中的重要作用。

(6) Zn/Mg/Al-LDHs/煤纳米复合材料的协同阻燃性能研究

通过与 EVA 共混制成阻燃塑料标准试样,用氧指数测定,锥形量热分析等对比分析研究该复合材料的阻燃性能、抑烟性能和对聚合物材料力学性能的影响,阐明煤与 LDHs 的协同阻燃作用。采用 TG-DTG、DSC 等方法分析比较 LDHs、煤及 Zn/Mg/Al-LDHs/煤纳米复合材料的热性能差异,研究在各温度阶段的热效应、气体分解产物组成和含量分布,推断该复合材料的热分解机理。通过燃烧试验,结合 SEM 分析残渣的形态结构和组成,阐明阻燃机理。

1.7.3 技术路线

本书技术路线如图 1-13 所示。

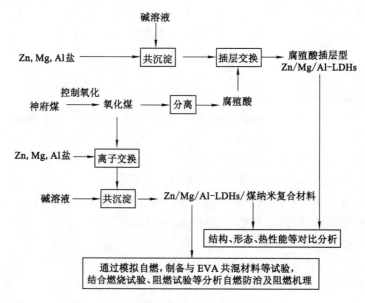

图 1-13 技术路线

参 考 文 献

[1] 张宏亮,林木松,陈刚,等.火力发电厂煤炭自燃现象分析及其防治措施[J].热力发电,2007,36(1):32-34.

[2] 牛会永,张辛亥.煤炭自燃机理及防治技术分类研究[J].工业安全与环保,2007,33(10):45-48.

[3] 项宗文.高分子防灭火材料在煤炭自燃防治中的应用[J].能源技术与管理,2006(5):10-11.

[4] NALAWADE P,AWAR B E,KADAM J V,et al. Layered double hydroxides:a review [J]. Journal of Scientific & Industrial Research,2009,68(4):267-272.

[5] STANIMIROVA T S,KIROV G,DINOLOVA E. Mechanism of hydrotalcite regeneration[J]. Journal of Material Science Letter,2001,20(5):453-455.

[6] 王国利,周安宁,葛岭梅.煤基聚乙烯/蒙脱土复合材料的阻燃特性[J].高分子材料科学与工程,2005,1(21):164-167.

[7] NYAMBO C,WILKIE C A. Layered double hydroxides intercalated with borate anions:Fire and thermal properties in ethylene vinyl acetate copolymer[J]. Polymer Degradation and Stability,2009(94):506-512.

[8] MANZI-NSHUTI C,HOSSENMLOPP J M,WILKIE C A. Comparative study on the

flammability of polyethylene modified with commercial fire retardants and a zinc aluminum oleate layered double hydroxide[J]. Polymer Degradation and Stability, 2009 (94): 782-788.

[9] NYAMBO C, KANDARE E, WILKIE C A. Thermal stability and flammability characteristics of ethylene vinyl acetate (EVA) composites blended with a phenyl phosphonate-intercalated layered double hydroxide (LDH), melamine polyphosphate and/or boric acid[J]. Polymer Degradation and Stability, 2009(94): 513-520.

[10] 樊晓萍. 煤纳米孔结构及官能团对煤/PAN 复合材料导电性能的影响[D]. 西安: 西安科技大学, 2000.

[11] 张广洋, 谭学术, 解学福, 等. 煤的导电性与煤大分子结构关系的实验研究[J]. 煤炭转化, 1994(5): 10-13.

[12] 葛玲梅, 舒新前, 周安宁. 洁净煤技术概论[M]. 北京: 煤炭工业出版社, 1997: 18.

[13] 曾凡桂, 谢克昌. 煤结构化学的理论体系与方法[J]. 煤炭学报, 2004, 29(4): 443-447.

[14] 程君, 周安宁, 李建伟. 煤结构研究进展[J]. 煤炭转化, 2001, 24(4): 1-6.

[15] 陈红. 微波辅助溶剂对煤抽提机制研究及煤组成结构分析[D]. 西安: 西安科技大学, 2009.

[16] 虞继舜. 煤化学[M]. 北京: 冶金工业出版社, 2000.

[17] MATHEWS J P, CHAFFEE A L. The molecular representations of coal: A review [J]. Fuel, 2012, 96(7): 1-14.

[18] FUCHS W, SANDOFF A G. Theory of coal pyrolysis[J]. Industrial & Engineering Chemistry Research, 1942(34): 567.

[19] HILL G R, LYON L B. A new chemical structure for coal[J]. Industrial and Engineering Chemistry, 1962, 54(6): 36-39.

[20] GIVEN P H. The distribution of hydrogen in coals[J]. Fuel, 1960, 39(2): 147-153.

[21] WISER W H. Conversion of Bituminous Coal to Liquids and Gases: Chemistry and Representative Processes[M]. Netherlands: Springer, 1984: 325-350.

[22] SOLOMON P R. Coal structure and thermal decomposition[J]. Fuel, 1960, 39(2): 147-153.

[23] SHINN J H. From coal to single stage and two-stage products: a reactive model of coal structure[J]. Fuel, 1984, 63(9): 1187-1196.

[24] 陈文敏, 张自勋. 煤化学基础[M]. 北京: 煤炭工业出版社, 1993: 212.

[25] 陈昌国, 鲜学福. 煤结构的研究进展[J]. 煤炭转化, 1998, 21(2): 7-13.

[26] GIVEN P H, MARZEE A, BARRONW A. The concept of a mobile or molecular phase with in the macromolecular network of coals: a debate[J]. Fuel, 1986, 65(2): 155-163.

[27] NISHIOKA M. The associated molecular nature of bituminous coal[J]. Fuel, 1992, 71 (8): 941-948.

[28] MARZEC A. Macromolecular and molecular model of coal structure[J]. Fuel Processing Technology, 1986(14): 39-46.

[29] MATHEWS J P,VAN DUIN A C T,CHAFFEE A L. The utility of coal molecular models[J]. Fuel Processing Technology,2011,92(4):718-728.

[30] 卢建军,谢克昌. 煤基高分子复合材料研究进展及发展趋势[J]. 化工进展,2003,22(12):1265-1268.

[31] ROJEK M,STABIK J,SZYMICZEK M,et al. Research on polyamide matrix composites filled with hard coal[J]. Archives of Materials Science and Engineering,2012,57(1):13-20.

[32] YANG F S,QU J L,YANG Z Y,et al. Thermal decomposition behavior and kinetics of composites from coal and polyethylene[J]. Journal of China University of Mining and Technology,2007,17(1):25-29.

[33] 卢建军. 煤填充高分子复合材料的研究[D]. 太原:太原理工大学,2003.

[34] ROJE K M,SZYMICZEK M,SUCHON L,et al. Mechanical properties of polyamide matrix composites filled with titanates modified-coal[J]. Journal of Achievements in Materials and Manufacturing Engineering,2011,46(1):25-32.

[35] 章结兵,周安宁,张小里. 溶胀处理煤对煤结构与煤基聚苯胺导电性影响[J]. 化学工程,2010,38(6):83-86.

[36] 谢克昌. 煤结构与反应性[M]. 北京:科学出版社,2002:50.

[37] CLEMENS A H,MATHESON T H,ROGERS K E. Low temperature oxidation studies of dried new zealand coals[J]. Fuel,1991,70(2):215-221.

[38] WANG H,DLUGOGORSKI B Z,KENNEDY E M. Kinetic modeling of low temperature oxidation of coal[J]. Combustion and Flame,2002,131(4):452-464.

[39] 葛岭梅,李建伟. 神府煤低温氧化过程中官能团结构演变[J]. 西安科技学院学报,2003,23(2):117-190.

[40] 王晓华,葛岭梅,周安宁,等. 流化床空气氧化过程中煤化学结构变化的研究[J]. 煤炭加工与综合利用,2000(1):28-30.

[41] 董庆年,陈学艺,靳国强,等. 红外发射光谱法原位研究褐煤的低温氧化过程[J]. 燃料化学学报,1997,25(4):334-338.

[42] 陈文敏,李文华,徐振刚,等. 洁净煤技术基础[M]. 北京:煤炭工业出版社,1997:235-285.

[43] SONG C. Recent advances in shape-seleetive catalysis over zeolites for synthesis of specialty chemicals[J]. Studies in Surface Science and Catalysis,1998,113(98):163-186.

[44] 应卫勇. 煤基合成化学品[M]. 北京:化学工业出版社,2010:75-90.

[45] WILSON M A,PATNEY H K,KALMAN J. New developments in the formation of nanotubes from coal[J]. Fuel,2002,81(1):5-14.

[46] 张凡. 煤基纳米碳材料的制备提纯及其催化加氢性能的研究[D]. 大连:大连理工大学,2001.

[47] 任耀剑,孙智. 聚合物/煤复合材料的研究进展[J]. 工程塑料应用,2009,37(1):84-87.

[48] ZHOU ANNING. Study of polyaniline/coal conductive composite material[C]//6th

Pacific Polymer Conference. Guangzhou:1999.

[49] 张坤. 太西无烟煤/聚苯胺导电复合材料制备及其应用研究[D]. 西安:西安科技大学,2010.

[50] 章结兵,周安宁,张小里. 溶胀处理煤对煤结构与煤基聚苯胺导电性影响[J]. 化学工程,2010,38(6):83-86.

[51] YANG FUSHENG,QU JIANLIN,YANG ZHIYUAN,et al. Thermal decomposition behavior and kinetics of composites from coal and polyethylene[J]. Journal of China University of Mining and Technology,2007,17(1):25-29.

[52] 樊晓萍,周安宁,葛岭梅,等. 煤孔结构和官能团对煤/PAN 电导率的协同效应[J]. 煤炭转化,2010,33(1):1-4.

[53] 王美健,杜美利. 煤/聚苯胺复合材料的导电性能研究[J]. 化工新型材料,2006,34(8):60-64.

[54] ROJEK M,SZYMICZEK M,SUCHON L,et al. Mechanical properties of polyamide matrix composites filled with titanates modified-coal[J]. Journal of Achievements in Materials & Manufacturing Engineering,2011,46(1):80-87.

[55] SUCHOŃ Ł,STABIK J,ROJEK M,et al. Investigation of processing properties of polyamide filled with hard coal[J]. Journal of Achievements in Materials and Manufacturing Engineering,2009,33(2):142-149.

[56] ROJEK M,STABIK J,SUCHOŃ Ł. Hard coal modified with silanes as polyamide filler[J]. Journal of Achievements in Materials and Manufacturing Engineering,2010,39(1):43-51.

[57] ROJEK M,SZYMICZEK M,SUCHOŃ Ł,et al. Mechanical properties of polyamide matrix composites filled with titanates modified-coal[J]. Journal of Achievements in Materials and Manufacturing Engineering,2011,46(1):80-87.

[58] ROJEK M,STABIK J,SZYMICZEK M,et al. Research on polyamide matrix composites filled with hard coal[J]. Archives of Materials Science and Engineering,2012,57(1):13-19.

[59] 卢建军,赵彦生,鲍卫仁,等. 超细煤粉填充高分子绝缘材料[J]. 煤炭学报,2005,30(2):229-232.

[60] 段雪,张法智,等. 插层组装与功能材料[M]. 北京:化学工业出版社,2006.

[61] VICENTE RIVES. Characterisation of layered double hydroxides and their decomposition products[J]. Materials Chemistry and Physics,2002,75(1-3):19-25.

[62] 杨亲正,张春光,孙德军,等. $Mg_2Al_2NO_3$ 层状双氢氧化物的制备及性能研究[J]. 化学学报,2002,60(9):1712-1715.

[63] 陈天虎,樊明德,庆承松,等. 热处理 Mg/Al-LDH 结构演化和矿物纳米孔材料制备[J]. 岩石矿物学杂志,2005,24(6):522-525.

[64] STANIMIROVA T S,KIROV G,DINOLOVA E. Mechanism of hydrotalcite regeneration[J]. Journal of Material Science Letter,2001,20(5):453-455.

［65］MARCHI A J,APESTEGUíA C R. Impregnation-induced memory effect of thermally activated layered double hydroxides[J]. Applied Clay Science,1998,13(1):35-48.

［66］KATSUOMI TAKEHIRA,TETSUYA SHISHIDO,DAISUKE SHOURO,et al. Novel and effective surface enrichment of active species in Ni-loaded catalyst prepared from Mg-Al hydrotalcite-type anionic clay[J]. Applied Catalysis,2005,279(1-2):41-51.

［67］HAN J B,DOU Y B,WEI M,et al. Erasable nanoporous antieflection coatings based on the reconstruction effect of layered double hydroxides[J]. Angewandte Chemie International Edition,2010,49(12):2171-2174.

［68］TEODORESCU F,PĂLĂDUŢĂ A M,PAVEL O D. Memory effect of hydrotalcites and its impact on cyanoethylation reaction[J]. Materials Research Bulletin,2013,48(6):2055-2059.

［69］PRASANNA S V,KAMATH P V. Synthesis and characterization of arsenate-intercalated layered double hydroxides(LDHs):Prospects for arsenic mineralization[J]. Journal of Colloid and Interface Science,2009,331(2):439-445.

［70］MOHD ZOBIR BIN HUSSEIN,MOHAMMAD YEGANEH GHOTBI,ASMAH HJ YAHAYA,et al. Synthesis and characterization of(zinc-layered-gallate) nanohybrid using structural memory effect[J]. Materials Chemistry and Physics,2009,113(1):491-496.

［71］SHUO LI,ZHIMIN BAI,DONG ZHAO. Characterization and friction performance of Zn/Mg/Al-CO$_3$ layered double hydroxides[J]. Applied Surface Science,2013,284(1):7-12.

［72］姜鹏,侯万国,韩书华,等. Zn-Mg-Al 型类水滑石纳米颗粒制备及晶体结构[J]. 高等学校化学学报,2002,23(1):78-82.

［73］任玲玲,李峰,何静,等. 镁锌铝三元水滑石的合成与结构分析[J]. 北京化工大学学报(自然科学版),2002,29(2):77-79.

［74］JELLICOE T C,FOGG A M. Synthesis and characterization of layered double hydroxides intercalated with sugar phosphates[J]. Journal of Physics and Chemistry of Solids,2012,73(12):1496-1499.

［75］JOSÉ FRANCISCO NAIME FILHO,FABRICE LEROUX,VINCENT VERNEY,et al. Percolated non-Newtonian flow for silicone obtained from exfoliated bioinorganic layered double hydroxide intercalated with amino acid[J]. Applied Clay Science,2012,55:88-93.

［76］NISHIZAWA H. Recent study and development of flame retardant technology in polymeric materials[J]. Journal of Materials Life Society,2010,22(3):90-96.

［77］ARAVIND DASARI,ZHONG-ZHEN YU,GUI-PENG CAI,et al. Recent developments in the fire retardancy of polymeric materials[J]. Progress in Polymer Science,2013,38(9):1357-1387.

［78］ZVONIMIR MATUSINOVIC,JIANXIANG FENG,WILKIE C A. The role of dispersion of LDH in fire retardancy: The effect of different divalent metals in benzoic acid modified LDH on dispersion and fire retardant properties of polystyrene-and poly (methyl-methacrylate)-LDH-B nanocomposites[J]. Polymer Degradation and Stability,2013,98(8):1515-1525.

[79] SAILONG XU, LIXIA ZHANG, YANJUN LIN, et al. Layered double hydroxides used as flame retardant for engineering plastic acrylonitrile-butadiene-styrene (ABS) [J]. Journal of Physics and Chemistry of Solids,2012,73(12):1514-1517.

[80] ZVONIMIR MATUSINOVIC, HONGDIAN LU, WILKIE C A. The role of dispersion of LDH in fire retardancy: The effect of dispersion on fire retardant properties of polystyrene/Ca-Al layered double hydroxide nanocomposites[J]. Polymer Degradation and Stability,2012,97(9):1563-1568.

[81] RUI ZHANG, HUA HUANG, WEI YANG, et al. Preparation and characterization of bio-nanocomposites based on poly (3-hydroxybutyrate-co-4-hydroxybutyrate) and CoAl layered double hydroxide using melt intercalation[J]. Composites Part A:Applied Science and Manufacturing,2012,43(4):547-552.

[82] WEI YANG, LIYAN MA, LEI SONG, et al. Fabrication of thermoplastic polyester elastomer/layered zinc hydroxide nitrate nanocomposites with enhanced thermal, mechanical and combustion properties[J]. Materials Chemistry and Physics,2013,141 (1):582-588.

[83] 程化,雷秀清. 水滑石类热稳定剂在 PVC 中应用研究进展[J]. 广州化工,2011,39 (13):21-23.

[84] 相马勋,若野宽睦,高桥大. ドーソナィト及びヒドロタルサィトの盐化ビニル树脂への充てん效果[J]. 日本ゴム协会志,1976,49(1):35.

[85] YI S, YANG Z H, WANG S W, et al. Effects of MgAlCe-CO$_3$ layered double hydroxides on the thermal stability of PVC resin[J]. Journal of Applied Polymer Science, 2011,119(5):2620-2626.

[86] QINGHU TANG, CHENGMING WU, RAN QIAO, et al. Catalytic performances of Mn-Ni mixed hydroxide catalysts in liquid-phase benzyl alcohol oxidation using molecular oxygen[J]. Applied Catalysis A General,2011,403(1-2):136-141.

[87] SHAN HE, ZHE AN, MIN WEI, et al. Layered double hydroxide-based catalysts: nanostructure design and catalytic performance[J]. Chemical Communications,2013 (49):5912-5920.

[88] 唐玉菲,吴茂英,罗勇新. 水滑石的结构特性及作为塑料助剂的应用[J]. 综述专论, 2006,14(2):65-69.

[89] 段雪,矫庆泽. 全返混液膜反应器及其在制备超细阴离子层状材料中的应用: CN00132145[P]. 2004-03-17.

[90] 杨飘萍,宿美平,杨骨微,等. 尿素法合成高结晶度类水滑石[J]. 无机化学学报,2003, 19(5):485-489.

[91] 任庆利,陈维. 液相法合成针状镁铝水滑石纳米晶的研究[J]. 无机材料学报,2004,19

(5):977-984.

[92] XU Z P,LU G Q. Hydrothermal synthesis of layered double hydroxides(LDHs) from mixed MgO and Al_2O_3:LDH formation mechanism[J]. Chemical Material,2005,17(5):1055-1062.

[93] GERAUD E,PREVOT V,GHANBAJA J,et al. Macroscopically ordered hydrotalcite- type materials using self-assembled colloidal crystal template[J]. Chemical Material,2006,18(2):238-240.

[94] 杨晶,连建设,董奇志,等. 自蔓延法制备 ZrO_2-Y_2O_3 纳米粒子的影响因素[J]. 功能材料与器件学报,2003,9(3):272-276.

[95] 易求实,王德慧. 过饱和度对纳米材料粒度的影响[J]. 湖北教育学院学报,2001,18(5):26-28.

[96] MAIRKO A P,CLAUDE F,BESSE J P. Synthesis of Al-rich hydrotalcite-like compounds by using the urea hydrolysis reaction-control of size and morphology[J]. Journal of Material Chemistry,2003,13(8):1988-1993.

[97] HE J X,LI B,EVANS D G,et al. Synthesis of layered double hydroxides in an emulsion solution[J]. Colloid Surface A Physicochemical & Engineering Aspects,2004,251(1-3):191-196.

[98] 周心权,郐燕云,朱红青,等. 煤矿灾害防治科技发展现状与对策分析[J]. 煤炭科学技术,2002,30(1):1-5.

[99] 卢国斌,耿铭. 采空区煤自燃机理及其防治技术研究现状[J]. 辽宁工程技术大学学报(自然科学版),2009,28(S2):28-30.

[100] 吴会平. 煤炭自燃气溶胶阻化防火技术研究[D]. 西安:西安科技大学,2012.

[101] 张福成. 浅埋易自燃煤层防灭火关键技术[J]. 煤矿安全,2011,42(2):35-38.

[102] 牛会永,张辛亥. 煤炭自燃机理及防治技术分类研究[J]. 工业安全与环保,2007,33(10):45-48.

[103] 项宗文. 高分子防灭火材料在煤炭自燃防治中的应用[J]. 能源技术与管理,2006(5):10-11.

[104] 郭鹏. 煤自燃的原因及防治处理[J]. 科技情报开发与经济,2007,17(20):274-275.

[105] 刘娜,任国强,沈静,等. 关于黏结性防灭火材料的可行性分析[J]. 高教论述,2011(17):111,135.

[106] QIN H,ZHANG S,ZHAO C,et al. Flame retardant mechanics of polymer/clay nanocomposites based on polypropylene[J]. Polymer,2005(46):8836-8395.

[107] 欧育湘,吴俊浩,王建荣. 新一代潜在阻燃高分子材料聚合物/无机物纳米复合材料[J]. 中国工程科学,2001,3(2):86-90.

[108] MORPHY J. Flame retardants fire retardant systems[J]. Polymer Degradation and Stability,2009,23(3):359-376.

[109] 涂永杰,周达飞. 阻燃剂复配技术在高分子材料中的应用[J]. 现代塑料加工应用,1997,9(2):43-46.

[110] 环球经贸网. 在中国复配协效阻燃技术得到重视[EB/OL]. http://china. nowec.

com/supply/detail/29837088. html.

[111] 周安宁,郭树才,葛岭梅. HDPE 与神府煤共混材料的相容性研究[J]. 煤炭学报,1998,23(1):71-75.

[112] 孙建忠,汪济奎,王耀先,等. 茂金属聚乙烯的阻燃改性研究[J]. 塑料,2009,38(3):75-77,71.

[113] 徐寒松. 煤与含氟聚合物对聚酯结构与性能的影响研究[D]. 苏州:苏州大学,2008.

[114] ZHENQI SHEN,LI CHEN,LING LIN,et al. Synergistic effect of layered nanofillers in intumescent flame-retardant EPDM:montmorillonite versus layered double hydroxides[J]. Industrial & Engineering Chemistry Research,2013,52(25):8454-8463.

[115] GUOBO HUANG,ZHENGDONG FEI,XIAOYING CHEN,et al. Functionalization of layered double hydroxides by intumescent flame retardant:Preparation,characterization,and application in ethylene vinyl acetate copolymer[J]. Applied Surface Science,2012,258(24):10115-10122.

[116] LIPING GAO, GUANGYAO ZHENG, YONGHONG ZHOU, et al. Synergistic effect of expandable graphite,melamine polyphosphate and layered double hydroxide on improving the fire behavior of rosin-based rigid polyurethane foam[J]. Industrial Crops and Products,2013,50(4):638-647.

[117] LILI WANG,BIN LI,XIUCHENG ZHANG,et al. Effect of intercalated anions on the performance of Ni-Al LDH nanofiller of ethylene vinyl acetate composites[J]. Applied Clay Science,2012,56(2):110-119.

[118] LILI WANG,BIN LI,ZHONGQIN HU,et al. Effect of nickel on the properties of composites composed of layered double hydroxides and ethylene vinyl acetate copolymer[J]. Applied Clay Science,2013,72(2):138-146.

[119] BECKER C M,DICK T A,FERNANDO WYPYCH,et al. Synergetic effect of LDH and glass fiber on the properties of two- and three-component epoxy composites[J]. Polymer Testing,2012,31(6):741-747.

[120] MANZI-NSHUTI C,HOSSENMLOPP J M,WILKIE C A. Comparative study on the flammability of polyethylene modified with commercial fire retardants and a zinc aluminum oleate layered double hydroxide[J]. Polymer Degradation and Stability,2009,94(5):782-788.

[121] NYAMBO C,WILKIE C A. Layered double hydroxides intercalated with borate anions:Fire and thermal properties in ethylene vinyl acetate copolymer[J]. Polymer Degradation & Stability,2009,94(4):506-512.

[122] NYAMBO C,KANDARE E,WILKIE C A. Thermal stability and flammability characteristics of ethylene vinyl acetate (EVA) composites blended with a phenyl phosphonate-intercalated layered double hydroxide (LDH), melamine polyphosphate and/or boric acid[J]. Polymer Degradation & Stability,2009,94(4):513-520.

[123] NYAMBO C,CHEN D,SU S,et al. Variation of benzyl anions in MgAl-layered double hydroxides:Fire and thermal properties in PMMA[J]. Polymer Degradation

& Stability,2009,94(4):496-505.

[124] MANZI-NSHUTI C,WANG D,HOSSENLOPP J M,et al. The role of the trivalent metal in an LDH:Synthesis,characterization and fire properties of thermally stable PMMA/LDH systems[J]. Polymer Degradation & Stability,2009,94(5):705-711.

[125] MANZI-NSHUTI C,SONGTIPYA P,MANIAS E, et al. Polymer nanocomposites using zinc aluminum and magnesium aluminum oleate layered double hydroxides: Effects of LDH divalent metals on dispersion,thermal,mechanical and fire performance in various polymers[J]. Polymer,2009,50(15):3564-3574.

[126] NYAMBO C,CHEN D,SU S,et al. Does organic modification of layered double hydroxides improve the fire performance of PMMA[J]. Polymer Degradation & Stability,2009,94(4):1298-1306.

[127] 赵芸,李峰,EVANS D G,等. 纳米 LDH 对环氧树脂燃烧的抑烟作用[J]. 应用化学, 2002,19(10):954-957.

[128] 郑秀婷,吴大鸣,刘颖,等. 纳米双羟基复合金属氧化物(LDHs)对聚氯乙烯(PVC)阻燃抑烟研究[J]. 塑料,2004,33(3):62-65.

2　神府煤的结构研究

了解煤炭的组成结构特征是煤炭高效合理利用的前提。煤炭成因、成煤时代,煤种及其宏观、微观组成等的差异,导致煤组成结构存在极大的复杂性和多样性,使煤结构研究受到显著制约。不同煤种的结构特点及模型存在显著差异,而同一煤种不同聚集态的结构特点及模型也不相同。为了有效研究煤的结构及其煤中矿物质对煤反应的影响,已开展了大量有关煤氧化[1-5]、脱灰[6-7]、离子交换[8-11]等的研究工作。

神府煤(SFC)具有储量丰富、低硫、低磷、低灰和发热量高等优点,目前主要作为清洁能源及化工原料利用。SFC 是不黏或弱黏煤,具有较高的自燃倾向性。煤炭自燃过程实质是煤的低温氧化过程,因此,研究 SFC 的组成及结构特点,对于 Zn/Mg/Al-LDHs/神府煤复合材料的制备及 LDHs 的煤自燃防治性能有着重要的理论和应用价值。

因此,本章采用脱灰、脱腐殖酸及空气低温氧化等方法对神府原煤煤粉进行预处理,探索预处理对 SFC 化学结构和孔结构的影响规律,并依据空气氧化对腐殖酸产率及其腐殖酸不同级分的含量分布特征,探讨氧化处理对 SFC 组成的影响。

2.1　实验原料及仪器

实验煤样为神府矿区张家卯煤矿 3^{-1} 长焰煤原煤。主要试剂见表 2-1。

表 2-1　　　　　　　　　　　　主要试剂

试剂名称	级别	生产厂家
盐酸	A.R.	西安化学试剂厂
氢氟酸	A.R.	郑州派尼化学试剂厂
重铬酸钾	A.R.	天津市化学试剂厂
氢氧化钠	A.R.	天津市河东区红岩试剂厂
硫酸亚铁铵	A.R.	天津市巴斯夫化工有限公司
邻菲罗啉	A.R.	天津市巴斯夫化工有限公司
硫酸(95%~98%)	—	西安三浦精细化工厂
焦磷酸钠	A.R.	天津市河北区海晶精细化工厂
氢氧化钡	A.R.	天津市化学试剂三厂
醋酸钙	A.R.	天津市巴斯夫化工有限公司
酚酞	A.R.	天津市红岩化工有限公司

主要仪器和设备见表 2-2。

表 2-2　　　　　　　　　　　　　实验仪器及设备

实验仪器	型号	生产厂家
密封式化验制样粉碎机	F77-GJ100	江西省南昌华南化验制样机厂
微波搅拌球磨机	自制	西安科技大学
真空干燥箱	DZF	北京中兴伟业仪器有限公司
激光粒度分析仪	LS230	美国贝克曼库尔特公司
电子天平	FA2004N	上海精密科学仪器有限公司
旋转蒸发仪	R-205	上海申顺科技生物有限公司
搅拌器	D60	杭州仪表电机厂
离心机	TD5B	长沙英泰仪器有限公司
紫外-可见吸收光谱	TU-1900	北京谱析通用仪器有限责任公司
气相色谱仪-质谱联用仪	GC 6890-MS 5973	美国安捷伦公司
X 射线衍射仪	XRD-7000	日本岛津公司
傅里叶变换红外光谱仪	Tensor27	德国布鲁克公司
扫描电镜	S4800	日本日立公司

实验流程如图 2-1 所示。

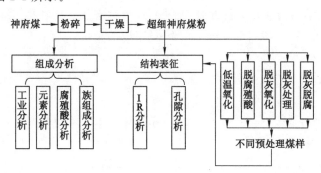

图 2-1　实验流程图

2.2　煤样的制备

神府超细煤样：将上述煤样预粉碎,然后于球磨机(球料比 20 : 1)中处理 30 min,得到粒度 $D_{90} < 14.16$ μm 的超细神府煤样,记为 SFC,105 ℃真空干燥 2 h 备用。

低温氧化煤样：称取一定量 SFC 煤样,均匀平铺于表面皿内,置于鼓风干燥箱中。于设定温度(50 ℃、75 ℃、100 ℃、125 ℃、150 ℃、175 ℃、200 ℃)下,鼓风氧化一定时间(4 h、8 h、12 h、16 h、20 h、24 h、36 h、48 h),得到不同氧化程度煤样,记为 OSFC$_{xy}$,其中 x 表示温度,y 表示时间。

神府脱灰煤样：取 100 g SFC 煤,放入 2 000 mL 烧杯中,加入 1 000 mL 酸溶液(蒸馏水 : 37%盐酸 : 40%HF 酸＝5 : 3 : 2),90 ℃水浴搅拌 4 h,布氏漏斗抽滤,蒸馏水充分洗涤至无 Cl⁻检出,65 ℃真空干燥 12 h 备用,记为 SFC-af。

神府脱灰脱腐殖酸煤样:取 100 g 脱灰煤样(SFC-af),与 2 000 mL 的混合碱溶液(0.5 mol/L NaOH+0.1 mol/L Na$_4$P$_2$O$_7$(1:1))混合,在 N$_2$ 保护下搅拌 24 h,抽滤、反复洗涤至 pH≈7,然后 65 ℃真空干燥 12 h 备用,记为 SFC-ahf。

神府脱灰氧化煤样:取 20 g 脱灰煤样(SFC-af)于鼓风干燥箱中 160 ℃空气氧化 48 h 得到,记为 SFC-afo。

2.3 神府煤的性质分析

2.3.1 工业分析和元素分析

根据 GB/T 212—2008 和 GB/T 476—2008 分别对煤样进行工业分析和元素分析。

2.3.2 腐殖酸的产率及级分分布的测定

依据国标《煤中腐殖酸产率测定方法》(GB/T 11957—2001)容量法测定原煤及氧化煤样中总腐殖酸(total humic acid,HAs)的产率,采用容量法测定煤中黄腐殖酸(fulvic acid,HA$_I$)的产率,采用重量法[12]测定棕腐殖酸(brown humic acid,HA$_{II}$)及黑腐殖酸(black humic acid,HA$_{III}$)的产率。

腐殖酸各级分的具体测定方法如下:

(1) 黄腐殖酸产率的测定

① 称取煤样 0.5 g,放入 250 mL 锥形瓶中,加 0.25 mol/L(2.5 %)的硫酸溶液 50 mL,N$_2$ 保护下,50 ℃水浴加热抽提 30 min,间歇摇动锥形瓶,取出冷却后过滤,残渣洗涤至溶液无色,洗涤滤液全部转入 250 mL 容量瓶中,最后用 2.5%的硫酸溶液定容后待用。

② 准确吸取容量瓶中溶液 5 mL,于 250 mL 锥形瓶中加入 0.133 3 mol/L 重铬酸钾溶液 5 mL,缓慢加入浓硫酸 15 mL,置于沸水浴中氧化 0.5 h。将溶液冷却至室温,加入 60 mL 水,3 滴邻菲罗啉指示剂,然后用 0.1 mol/L 标准硫酸亚铁铵溶液滴定,溶液由橙红色到绿色再到酒红色时为终点,记下所耗硫酸亚铁铵标准溶液 V$_1$。按上述两步进行空白实验,记下所耗硫酸亚铁铵标准溶液 V$_0$。

③ 煤中黄腐殖酸产率 Y$_{HA_I}$ 以质量分数表示(%),按照下式计算:

$$Y_{HA_I} = \frac{0.003 \times c \times (V_0 - V_1)}{m \times \alpha} \times \frac{V_2}{V_3} \times 100\% \tag{2-1}$$

式中   V$_0$——滴定空白所耗的硫酸亚铁铵标准溶液的体积,mL;

      V$_1$——滴定样品消耗的硫酸亚铁铵标准溶液的体积,mL;

      c——标准硫酸亚铁铵溶液浓度,mol/L;

      m——样品量,g;

      V$_2$——试样溶液的总体积,mL;

      V$_3$——测定时所取部分试样溶液的总体积,mL;

      α——腐殖酸的碳系数,可取 0.48~0.50 计算,本书取 0.49。

(2) 棕、黑腐殖酸含量的测定

① 称取煤样 0.200 0 g(准确到 0.000 2 g),放入 250 mL 锥形瓶中,加入焦磷酸钠碱抽提液 100 mL,置于沸水浴中加热抽提 2 h,每隔 0.5 h 摇动一次。

② 将煤及其抽提液全部转入 200 mL 容量瓶中,定容摇匀,取 100 mL 溶液至烧杯中,

加 5％盐酸溶液 20 mL,使棕、黑腐殖酸沉淀,离心分离并倾析上部清液。

③ 预先将定量滤纸和称量瓶在 105～110 ℃ 干燥箱中干燥至恒重,然后将沉淀物完全转移到滤纸上,用水洗涤至中性。

④ 将沉淀物和滤纸移至称量瓶中,于 105～110 ℃ 干燥箱中干燥 2 h;取出并于空气冷却至室温,反复干燥、冷却和称量,直至连续两次称量的差值不大于 0.001 g,记下棕、黑腐殖酸的质量 m_1。

⑤ 将棕、黑腐殖酸用无水乙醇溶解,均匀搅拌,室温下静置 2 h。

⑥ 将定量滤纸和称量瓶 105～110 ℃ 烘干至恒重,然后将沉淀物完全转移到滤纸上,用无水乙醇充分洗涤,室温避光放置使乙醇挥发,称重,为黑腐殖酸的质量 m_2。

⑦ 将④中沉淀物同滤纸在(600±5) ℃ 马弗炉中灼烧。空气冷却 5 min,放入干燥器中冷却至室温。计算黑、棕腐殖酸的残渣量为 m_3。煤中黑、棕腐殖酸产率 $Y_{HA_{II}}$、$Y_{HA_{III}}$ 以质量分数表示(％),按照下式计算:

$$Y_{HA_{II}} = \frac{m_1 - m_2}{m} \times \frac{V_4}{V_5} \times 100\% \qquad (2-2)$$

$$Y_{HA_{III}} = \frac{m_2 - m_3}{m} \times \frac{V_4}{V_5} \times 100\% \qquad (2-3)$$

式中　m_1——黑、棕腐殖酸及残渣的质量,g;

　　　m_2——黑腐殖酸及残渣的质量,g;

　　　m_3——黑、棕腐殖酸灼烧后残渣的质量,g;

　　　m——样品量,g;

　　　V_4——试样溶液的总体积,mL;

　　　V_5——测定时所取部分试样溶液的总体积,mL。

2.3.3　腐殖酸的提取

采用"碱溶酸析"方法对煤基腐殖酸进行提取及分离分级,流程图见图 2-2。简要论述如下:

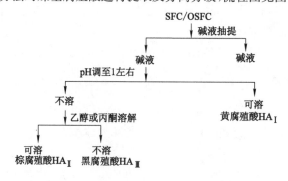

图 2-2　"碱溶酸析"法提取腐殖酸流程图

首先将 100 g 煤样溶于 1 500 mL 碱液(1 mol/L NaOH)中,在 N_2 保护下搅拌 24 h。然后对煤碱混合溶液进行抽滤,滤饼用 50 mL(1 mol/L NaOH)碱液洗涤再用去离子水洗涤至滤液无色,将所有滤液收集进行二次离心(25 min,2 500 r/min),得到总腐殖酸(HAs)碱溶液。

将 1 500 mL 总腐殖酸溶液用 36％的盐酸溶液酸化至 pH≈1,离心分离收集上清液(黄腐殖酸溶液)和沉淀(棕、黑腐殖酸)。将黄腐殖酸溶液在 45 ℃ 旋转蒸发浓缩,然后用乙醇盐析(反复进行),最后得到黄腐殖酸的醇溶液,室温干燥 24 h,从蒸发皿刮取得到黄腐殖酸(HA_I)备用。将棕、黑腐殖酸滤饼用 0.5% 体积浓度 HCl:HF 脱灰处理 36 h,离心分离,沉淀用蒸馏水反复洗涤离心至 pH≈7,然后室温干燥,所得固体用乙醇溶解,振荡 12 h,静置过夜,离心分离,得到的上清液为棕腐殖酸的醇溶液,室温干燥 24 h,然后从蒸发皿刮取得到棕腐殖酸(HA_II)备用;将沉淀室温干燥 12 h 至块状,得到黑腐殖酸(HA_III)备用。

2.3.4 总酸性基、羧基和羟基含量的测定

（1）总酸性基的测定

总酸性基包括羧基与羟基两部分。称取 0.200 0 g 试样放入 300 mL 锥形瓶中,用移液管加入 25 mL 0.25 mol/L 的标准 $Ba(OH)_2$ 溶液。沸水浴中回流 2 h,把锥形瓶中的热溶液和残煤立即过滤到 50 mL 0.25 mol/L 的 HCl 标准溶液中,蒸馏水洗涤,滤液体积不超过 200 mL,滴 3 滴 0.1% 酚酞,用 0.1 mol/L NaOH 标准溶液滴定至浅红色,记下所耗 NaOH 溶液体积 V_1。相同条件下做空白试验,记下所耗 NaOH 标准溶液体积 V_0。

$$总酸性基(mmol/g) = c(V_0 - V_1)/G \qquad (2-4)$$

式中　c——碱标准溶液的浓度,mol/L;

V_1——试样所用碱标准溶液的体积,mL;

V_0——空白试验所用碱标准溶液的体积,mL;

G——试样的质量,g。

（2）羧基的测定

称取 0.200 0 g 试样放入 300 mL 锥形瓶中,用移液管加入 50 mL 0.5 mol/L 的纯醋酸钙溶液。在锥形瓶上插入长 300 mm 的玻璃球形冷凝管,放在沸水浴中回流 2 h,取下冷凝管,把锥形瓶中的热溶液和残煤立即过滤到锥形瓶中。蒸馏水洗涤,滤液体积不超过 200 mL,滴 3 滴 0.1% 酚酞,用 0.1 mol/L 标准 NaOH 溶液滴定至浅红色。相同条件下做空白试验。

$$羧基(mmol/g) = c(V_0 - V_1)/G \qquad (2-5)$$

$$酚羟基(mmol/g) = 总酸性基 - 羧基 \qquad (2-6)$$

2.3.5 热裂解-气相色谱-质谱联用分析

对不同氧化程度煤样的腐殖酸组分进行热裂解-气相色谱-质谱联用分析(Py-GC-MS)。该分析在单击式裂解器(Py-2020iS)和美国安捷伦(Agilent)公司的气相色谱-质谱联用仪(5975/7890 型)上进行。将装有样品(约 1 mg)的石英管置入有铂丝缠绕的热裂解探头中,水平伸入温度保持在 250 ℃的热裂解腔腔中,然后以 5 ℃/ms 加热到 610 ℃并保持 10 s,以高纯氦气为载气并将裂解产物吹入色谱柱(HP-5MS,30 m×0.25 mm×0.25 μm)中。色谱柱初始柱温为 40 ℃,保持 3 min 后,先以 4 ℃/min 升温到 110 ℃,再以 20 ℃/min 升到 300 ℃,并保持 1 min,然后 10 ℃/min 升到 310 ℃,保持 2 min。热裂解产物用质谱检测,操作电压为 70 eV,碎片检测范围 $m/z=35\sim600$。将裂解产物的质谱图与谱库和相关文献中的数据相互对照,以确定试样的最终结构。

2.4　神府煤的结构表征

2.4.1　FTIR 分析

采用德国布鲁克公司生产的 Tensor27 型傅里叶变换红外光谱仪,测定样品的官能团结

构特征。采用 KBr 压片法制样,将测试样品及溴化钾真空干燥,以样品:溴化钾＝1:150 混合并研磨压片。光谱仪分辨率为 4 cm^{-1},扫描次数为 32 次,测定范围为 4 000～400 cm^{-1},DTGS 检测器(氘化硫酸三苷肽)。

2.4.2　比表面积及孔结构分析

采用低温液氮吸附法[13],在美国麦克公司 ASAP2020 全自动比表面及孔隙度分析仪上,测定煤样的孔隙结构特征。该仪器孔径测量范围 0.35～500 nm,吸附解吸相对压力范围为 0.004～0.995,比表面积最低可测至 0.000 5 m²/g,孔体积最小检测至 0.000 1 cm³/g。煤样的比表面积和孔体积分别根据 BET(Brunauer-Emmett-Teller)公式和 BJH(Barrett-Joyner-Halenda)模型计算。平均孔径由相对压力约为 0.993 时的氮气吸附量计算得到。用 IUPAC(国际纯理论与应用化学协会)孔隙分类方法[14],将多孔材料的孔隙分为 3 类:微孔(孔径＜2 nm)、中孔(孔径介于 2～50 nm)、大孔(孔径大于 50 nm)。

2.5　结果与讨论

2.5.1　低温氧化处理对神府煤的基本性质的影响

氧化时间 24 h 的条件下,氧化温度对氧化煤的工业和元素分析的影响见表 2-3。

表 2-3　　　　　　　　　　氧化温度对工业分析和元素分析结果的影响

样品名称	工业分析			元素分析						
	M_{ad}/%	A_d/%	V_{daf}/%	C/%	H/%	O/%	N/%	S/%	O/C	H/C
SFC	7.29	4.27	36.42	81.72	4.79	11.95	1.15	0.38	0.111	0.702
OSFC$_{50,24}$	7.91	4.27	36.43	81.74	4.78	11.97	1.16	0.37	0.111	0.701
OSFC$_{75,24}$	7.98	4.31	36.45	81.72	4.79	11.97	1.16	0.37	0.113	0.700
OSFC$_{100,24}$	6.44	4.52	35.25	80.62	4.62	13.22	1.17	0.38	0.123	0.693
OSFC$_{125,24}$	3.78	5.23	39.74	79.97	4.93	13.71	1.15	0.36	0.129	0.742
OSFC$_{150,24}$	3.96	4.85	40.04	78.82	4.87	14.81	1.16	0.38	0.141	0.742
OSFC$_{160,24}$	3.12	5.23	40.76	74.16	3.46	20.78	1.18	0.37	0.212	0.563
OSFC$_{180,24}$	3.07	5.45	41.33	74.46	3.33	20.71	1.15	0.36	0.209	0.541
OSFC$_{200,24}$	2.13	6.13	42.55	74.13	3.18	21.19	1.16	0.35	0.214	0.522

由表 2-3 可知,氧化温度小于 125 ℃,煤的元素组成及物质组成基本上没有发生变化。氧化温度大于 125 ℃后,煤的水分以及 C、H 元素含量均减小,而煤的灰分及 O 含量随之增加。图 2-3 为氧化温度(100～200 ℃)对煤样的 O/C 及 H/C 原子比的影响。由图可知,随着温度的升高,O/C 原子比逐渐升高,表明低温氧化后煤形成较多含氧官能团;H/C 原子比减少,归因于部分富氢脂肪结构单元被氧化,煤芳香度相对增加。

氧化温度为 125 ℃及 200 ℃时,氧化时间对氧化煤样的工业分析以及元素分析结果的影响如表 2-4 所列。由表 2-4、图 2-4 和图 2-5 可知,氧化温度为 125 ℃时,随着氧化时间的延长,煤中水分显著减少,而灰分和挥发分显著升高,氧化煤中的 O/C 原子比增加,H/C 原子比降低。

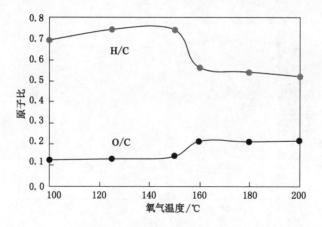

图 2-3 氧化温度对氧化煤 O/C 及 H/C 原子比的影响

表 2-4 氧化时间对工业分析和元素分析结果的影响

样品名称	工业分析			元素分析						
	M_{ad}/%	A_d/%	V_{daf}/%	C/%	H/%	O/%	N/%	S/%	O/C	H/C
SFC	7.29	4.27	36.42	81.72	4.79	11.95	1.15	0.38	0.110	0.703
OSFC$_{125,24}$	3.78	5.23	39.74	79.97	4.63	13.90	1.15	0.36	0.130	0.695
OSFC$_{125,48}$	3.42	6.56	38.86	79.68	4.25	14.57	1.14	0.37	0.137	0.640
OSFC$_{125,72}$	2.94	7.46	38.42	78.32	4.51	15.62	1.17	0.38	0.150	0.691
OSFC$_{125,96}$	2.05	6.87	39.74	76.48	3.28	18.74	1.16	0.36	0.184	0.515
OSFC$_{200,4}$	3.75	7.43	38.52	76.59	3.67	18.21	1.16	0.37	0.178	0.576
OSFC$_{200,8}$	4.32	6.62	39.44	76.71	3.54	18.24	1.18	0.36	0.178	0.553
OSFC$_{200,12}$	3.94	6.23	38.43	75.68	3.39	19.41	1.17	0.38	0.192	0.537
OSFC$_{200,16}$	4.88	7.23	39.56	73.34	3.25	21.89	1.16	0.37	0.224	0.531
OSFC$_{200,20}$	4.75	6.15	40.45	73.86	3.29	21.35	1.17	0.36	0.217	0.534
OSFC$_{200,24}$	5.48	6.13	42.55	74.13	3.18	21.20	1.16	0.35	0.215	0.515
OSFC$_{200,36}$	4.98	8.06	41.23	75.33	3.21	19.91	1.17	0.38	0.198	0.511
OSFC$_{200,48}$	5.28	8.52	40.39	71.48	2.85	24.14	1.16	0.36	0.253	0.479

125 ℃时,外界热量主要提供煤中水分的蒸发需要的潜热,流通的空气带走煤氧化放出的热量,煤的低温自热速率较慢,与煤的自燃过程相似。在煤的氧化过程中,氧化产物生成速度随着氧化时间延长会逐渐降低,这可归因于不发生分解反应的氧化物在煤样表面的堆积,阻止了氧气的吸附和活化中心的产生[15-16]。只有当温度升高,这些氧化物分解后,煤大分子氧化分解速度才会明显提高,这也是一般风化煤不易自燃的原因所在。

上述煤低温氧化过程可以采用自由基链锁反应机理描述:煤中含有或多或少的脂肪结构,它容易氧化生成自由基。自由基生成过程是氧分子在煤表面活性位点产生化学吸附,氧分子中化学键削弱甚至断裂,产生以下反应[17-19]:

$$—CH_2 + O_2 \longrightarrow —CH + OOH \tag{2-7}$$

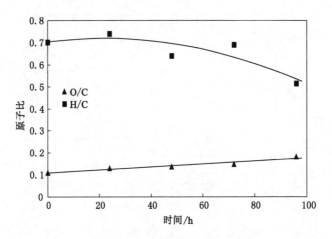

图 2-4　氧化时间对氧化煤 O/C 及 H/C 原子比的影响(氧化温度 125 ℃)

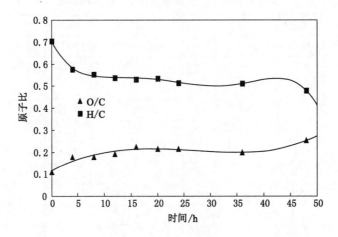

图 2-5　氧化时间对氧化煤 O/C 及 H/C 原子比的影响(氧化温度 200 ℃)

$$—RH + O_2 \longrightarrow —R + OOH \tag{2-8}$$

烃类自由基再与氧反应,可生成过氧化物自由基:

$$—CH + O_2 \longrightarrow —CH—O—O \tag{2-9}$$

它们也可能彼此结合:

$$R + OOH \longrightarrow ROOH \tag{2-10}$$

过氧化物自由基与煤中富氧部分反应生成比较稳定的氢化过氧化物:

$$HC—O—O + CH_2—CH_2 \longrightarrow HC—O—OH + CH_2—CH— \tag{2-11}$$

2.5.2　低温氧化处理对神府煤的腐殖酸产率及分布的影响

(1) 氧化温度的影响

氧化温度对煤中总腐殖酸产率的影响如表 2-5 所列。由表 2-5 可知,煤在低温(低于 150 ℃)氧化过程中时,煤中总腐殖酸产率变化较小。温度度高于 150 ℃时,神府煤经氧化 24 h 后,总腐殖酸产率显著提高;200 ℃时,氧化煤的总腐殖酸产率达到 53.64%。氧化煤总腐殖酸产率随温度的变化规律与上述氧化煤 O/C 随温度变化的规律相似,可用上述煤氧络合物和自由基链锁反应机理描述。低温阶段(<70～80 ℃),大量易氧化脂肪结构单位被氧化在煤表面产生大量的相对稳定的煤氧络合物,只有当温度进一步升高后,这些稳定煤氧复合物发生分解,煤的化学活性才能增强。因此,只有当氧化温度满足煤表面氧化络合物分解及煤大分子分解反应所需活化能时,煤中大分子物质发生强烈氧化分解,大量小分子物质形成,煤中腐殖酸产率迅速提高。由于不同腐殖酸级分的氧化活性不同,因此,当煤的氧化温度不同时,煤中不同腐殖酸级分的相对含量分布也不同。这可由表 2-5 中不同腐殖酸的产率变化得到证明。氧化煤腐殖酸中各级分产率,以黑腐殖酸最高,棕腐殖酸次之,黄腐殖酸最低。氧化温度小于 125 ℃ 时,随温度的增加,腐殖酸各级分的产率均相应增加,在150 ℃ 时,总腐殖酸产率略有降低,各级分的产率也相应降低,但当温度进一步增加时,随总腐殖酸产率的迅速增加,各腐殖酸级分的产率也相应迅速增加,但仍以黑腐殖酸的产率最高,棕腐殖酸次之,黄腐殖酸最低。

表 2-5　　　　氧化温度对氧化煤总腐殖酸及其各级分产率的影响

样品名称	腐殖酸及其各级分产率			
	$HA_{s,ad}/\%$	$HA_{I,ad}/\%$	$HA_{II,ad}/\%$	$HA_{III,ad}/\%$
$OSFC_{50,24}$	5.32	0.88	1.82	3.57
$OSFC_{75,24}$	6.03	0.69	1.65	2.98
$OSFC_{100,24}$	6.99	0.84	1.69	3.50
$OSFC_{125,24}$	9.38	1.05	1.96	3.98
$OSFC_{150,24}$	6.33	1.50	2.16	5.72
$OSFC_{160,24}$	13.01	1.14	1.46	3.73
$OSFC_{180,24}$	31.17	2.73	2.47	7.81
$OSFC_{200,24}$	53.64	5.92	7.48	17.77
$OSFC_{220,24}$	50.52	10.73	13.41	29.50

为进一步说明煤氧化过程中腐殖酸各级分分布的变化规律,图 2-6 给出了氧化温度对总腐殖酸中黄腐殖酸、棕腐殖酸和黑腐殖酸分布的影响。由图 2-6 可知,氧化温度小于 125 ℃ 时,随氧化温度的升高,黑腐殖酸相对产率基本不变,而棕腐殖酸相对产率略有降低,黄腐殖酸相对产率则略有增加。当氧化温度高于 150 ℃ 时,黄腐殖酸相对产率基本不变,而棕腐殖酸的相对产率增加,黑腐殖酸的相对产率略有减小。

上述结果表明,煤氧化过程是煤逐级氧化分解为黑腐殖酸、棕腐殖酸和黄腐殖酸的串联反应过程。煤氧化分解产生了不同分子量小分子物质并进一步深度氧化,从而导致其氧化产物的含量分布差异。为了进一步证明这一点,下面对不同氧化时间煤中腐殖酸含量及各级分分布作了进一步研究。

(2)氧化时间的影响

氧化时间对煤中总腐殖酸产率变化的影响见表 2-6、图 2-7 和图 2-8。

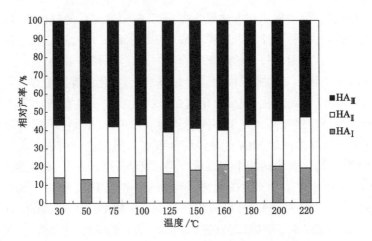

图 2-6   氧化温度对氧化煤腐殖酸各级分产率分布的影响

表 2-6   氧化时间对氧化煤总腐殖酸及其级分产率的影响

样品名称	腐殖酸及其各级分产率			
	HAs,ad/%	HA$_{I}$,ad/%	HA$_{II}$,ad/%	HA$_{III}$,ad/%
SFC	6.27	0.89	1.82	3.56
OSFC$_{200,4}$	5.62	1.12	1.41	3.09
OSFC$_{200,8}$	25.98	2.86	7.79	15.33
OSFC$_{200,12}$	17.73	3.55	4.07	10.11
OSFC$_{200,16}$	38.02	6.08	9.51	22.43
OSFC$_{200,20}$	39.68	5.56	10.71	23.41
OSFC$_{200,24}$	53.64	6.97	13.95	32.72
OSFC$_{200,36}$	48.26	8.69	11.58	27.99
OSFC$_{200,48}$	49.21	7.38	12.31	29.52

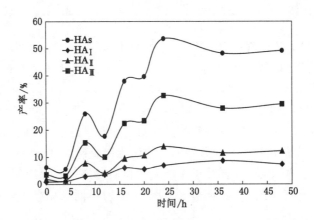

图 2-7   氧化时间对氧化煤的总腐殖酸及其各级分产率的影响(200 ℃)

由图 2-7 可知,随着氧化时间的增长,煤中总腐殖酸及其各级分的产率呈波浪式增加。

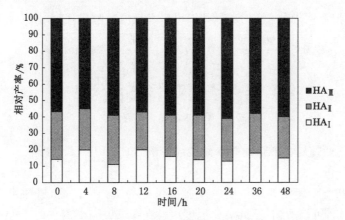

图 2-8　氧化时间对氧化煤腐殖酸各级分产率分布的影响

图 2-7 这种波浪式变化证实了上述煤氧化分解过程为大分子串联式分解反应的观点。随反应时间的延长,腐殖酸生成及其不同级分腐殖酸的串联式分解反应形成一对相反的作用,总趋势是腐殖酸的产率在不断增加,但同时加速了串联式分解反应。由于黄腐殖酸深度分解生成二氧化碳和水,使总黄腐殖酸浓度降低,导致整个串联反应向分解成小分子方向移动,因此,使总腐殖酸产率略有降低。总腐殖酸浓度降低,则加速了煤大分子的进一步分解,因此,随后结果就是总腐殖酸产率的增加。这样往返加速进行,直到煤大分子分解和腐殖酸串联式分解反应达到平衡后,总腐殖酸产率随时间变化就基本不再发生变化。图 2-8 中各腐殖酸级分的相对产率随氧化时间变化与上述推断一致,黄腐殖酸的相对产率随氧化时间变化呈现波浪式变化基本与黑腐殖酸相对产率变化相耦合。

神府煤及 200 ℃氧化神府煤中各腐殖酸级的元素分析结果如表 2-7 所列。对比表 2-7 中黄腐殖酸、黑腐殖酸、棕腐殖酸的 H/C 及 O/C 原子比数据,可以发现,神府煤和 200 ℃氧化神府煤的腐殖酸各级分的元素组成相似,其相应级分的 H/C、O/C 比也相近,表现在无论氧化程度如何,煤中相应不同腐殖酸级分的结构相似。黑腐煤的 H/C 最高,其次为黄腐殖酸,棕腐殖酸最低,而棕腐殖酸的 O/C 最高,其次为黄腐殖酸和黑腐殖酸。这与黑腐殖酸分子量大且氧化程度高有关。中间氧化产物的棕腐殖酸是黑腐殖酸的进一步深度氧化产物,相对分子量降低,酸性官能团增加,因此氧含量较高,黄腐殖酸是棕腐殖酸的深度氧化产物,其氧化过程中部分含氧官能团分解形成二氧化碳和水,同时,有部分芳环发生羟基化,因此,其 O/C 及 H/C 原子比相对于棕腐殖酸均有所降低,与上述煤氧化串联反应过程假设一致。

表 2-7　　　　　　　　　　SFC 及 OSFC$_{200,24}$中腐殖酸各级分的元素分析结果

样品名称	C/%	H/%	O/%	H/C	O/C
HA$_\mathrm{I}$-SFC	51.74	2.53	29.80	0.59	0.37
HA$_\mathrm{II}$-SFC	53.56	3.00	26.07	0.67	0.43
HA$_\mathrm{III}$-SFC	57.54	3.66	24.32	0.76	0.32
HA$_\mathrm{I}$-OSFC$_{200,24}$	50.12	2.37	29.07	0.57	0.36
HA$_\mathrm{II}$-OSFC$_{200,24}$	52.78	2.90	25.19	0.66	0.44
HA$_\mathrm{III}$-OSFC$_{200,24}$	59.33	3.76	24.92	0.76	0.32

综上所述,神府煤的低温氧化过程可以用串联反应过程描述,如图 2-9 所示。

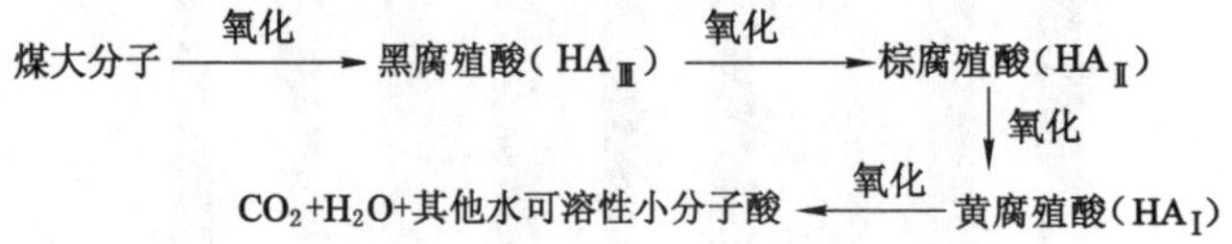

煤大分子 —氧化→ 黑腐殖酸(HA$_{\text{Ⅲ}}$) —氧化→ 棕腐殖酸(HA$_{\text{Ⅱ}}$)

↓氧化

CO$_2$+H$_2$O+其他水可溶性小分子酸 ←氧化— 黄腐殖酸(HA$_{\text{Ⅰ}}$)

图 2-9　神府煤的氧化过程示意图

2.5.3　低温氧化处理对神府煤的化学结构的影响

（1）FTIR 分析

图 2-10 为 200 ℃氧化处理不同时间所得煤样的 FTIR 谱图,谱图中主要吸收峰的归属,如表 2-8 所列。可以看出,不同氧化程度煤样在 1 060～1 260 cm^{-1}（醚键 C—O—C 弯曲振动）、1 377 cm^{-1}（芳环甲基 Ar—CH$_3$ 振动吸收峰）、1 487～1 434 cm^{-1}（—CH$_3$,—CH$_2$ 面内弯曲振动）、1 630～1 580 cm^{-1}（芳香骨架伸缩振动）、1 720～1 690 cm^{-1}（Ar—C=O 羰基伸缩振动）、3 600～3 240 cm^{-1}（羟基—OH 伸缩振动）及 4 000～3 600 cm^{-1}（自由水—OH伸缩振动）处有明显变化。可以看出,4 000～3 500 cm^{-1}处—OH 峰面积受到煤中水分含量的影响,随着时间波动性变化。煤分子中大量的缔合羟基及酚羟基与氧发生反应,转化为部分羧基或游离水。氧化煤于 1 700 cm^{-1}出现芳香羧基峰（Ar—COOH）,1 375 cm^{-1}处芳环甲基（Ar—CH$_3$）振动峰减弱,1 487～1 434 cm^{-1}处脂肪甲基（—CH$_3$,—CH$_2$）面内弯曲振动与酚羟基（Ar—OH）增强。而三者含量随着氧化煤中水分含量的增高而减少。水分含量降低时,煤中芳环羧基、酚羟基含量均明显增加,且 1 260～1 060 cm^{-1}处的醚键（C—O—C）峰面积也随之增加。甲基、亚甲基变化不明显。

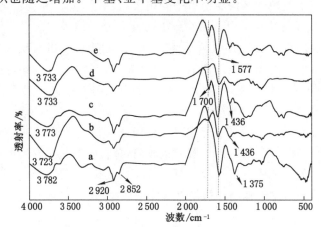

图 2-10　氧化时间对氧化煤 FTIR 谱图的影响（氧化温度 200 ℃）

a——SFC;b——12 h;c——24 h;d——36 h;e——48 h

表 2-8　　　　　　　　　　　　氧化煤的 FTIR 特征吸收峰和归属[16]

衍射峰/cm^{-1}	波段/cm^{-1}	官能团种类
3 650	4 000～3 600	—OH（自由水）
3 325	3 600～3 100	—OH,—NH,—NH$_2$

衍射峰/cm^{-1}	波段/cm^{-1}	官能团种类
3 045	3 100～3 000	C—H(芳环)
2 921	2 943～2 890	—CH$_2$
2 846	2 846～2 800	—CH$_3$,—CH$_2$
2 343	2 386～2 320	CO$_2$,$\diagdown$NH
1 700	1 720～1 689	Ar—COOH
1 651	1 655～1 632	Ar—CO—Ar
1 600	1 622～1 590	—C=C(芳环)
1 440	1 487～1 434	—CH$_3$,—CH$_2$
1 375	1 370～1 377	Ar—CH$_3$
1 184	1 260～1 060	C—O—C

V. Calemma 等研究了煤 200 ℃氧化前后结构的变化,结果表明氧化过程形成了如羧基酮、共轭羰基及醚键等含氧官能团,与本书分析结果一致。张玉涛等[20]指出,水分在煤的低温氧化过程中起到很重要的作用:参与自由基的形成,对煤氧反应的中间产物(过氧络合物)的形成起到非常重要的催化作用。水分还可以促进过氧络合物的分解,可能原因是过氧化氢和水反应能产生羧基和羟基自由基。同时,水分含量的增加,煤对氧的吸附能力显著下降。但少量水分对煤的润湿可以促进煤的吸氧量,增加煤炭的氧化放热速率。

不同煤基腐殖酸及其各级分的 FTIR 光谱如图 2-11～图 2-13 所示,腐殖酸的特征吸收峰及其归属如表 2-9 所列,3 500～2 500 cm^{-1}处强而宽的吸收区为缔合—OH 伸缩振动引起的;3 000～2 800 cm^{-1}为脂肪 C—H 的伸缩振动峰区,1 710 cm^{-1}处为羧基和羰基官能团的 C=O 伸缩振动峰;1 630 cm^{-1}处包括芳环的骨架振动 C=C 吸收和酰胺键等相互叠加吸收峰;1 250 cm^{-1}处主要为羧酸官能团的 C—O 伸缩振动和 O—H 的变形振动等[15]。

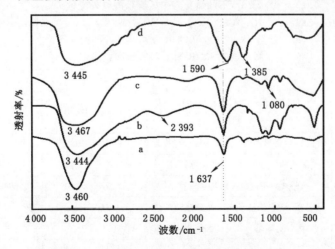

图 2-11　不同氧化煤中黄腐殖酸的红外光谱

a——HA$_I$-SFC;b——HA$_I$-OSFC$_{125,24}$;c——HA$_I$-OSFC$_{200,24}$;d——HA$_I$-OSFC$_{200,12}$

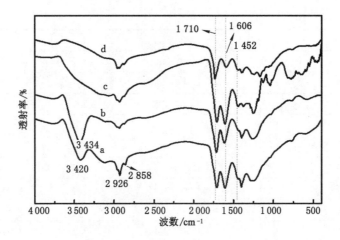

图 2-12　不同氧化煤中棕腐殖酸红外光谱

a——HA$_{II}$-SFC;b——HA$_{II}$-OSFC$_{125,24}$;c——HA$_{II}$-OSFC$_{200,24}$;d——HA$_{II}$-OSFC$_{200,12}$

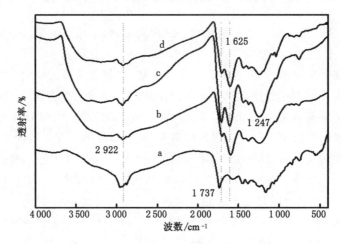

图 2-13　不同氧化煤中黑腐殖酸红外光谱

a——HA$_{III}$-SFC;b——HA$_{III}$-OSFC$_{125,24}$;c——HA$_{III}$-OSFC$_{200,24}$;d——HA$_{III}$-OSFC$_{200,12}$

表 2-9　　　　　　　　　　腐殖酸的 FTIR 特征吸收峰和归属[2]

波数/cm^{-1}	归属	波数/cm^{-1}	归属
3 440，3 200～3 400	氢键缔合—OH,游离—OH,水,—NH 等伸缩振动	1 384～1 420	脂肪 C—H 变形,COO—反对称振动,Ar—OH
2 950～2 940	脂肪 CH$_3$ 变形振动,R—C—H 伸缩振动	1 365～1 380	COO—和 R—CH$_3$ 弯曲振动
2 350～2 800	羧基的氢键缔合—OH 伸缩振动	1 320～1 350	醇 OH 振动
1 840，1 775	分别为羧基酐反对称和对称	1 278～1 300	芳醚,酚—O—振动
1 700～1 720	羧,酮中羰基 C=O 伸缩振动	1 270	芳 C=O,醇 R—OH 振动
1 660～1 680	醛,酮,醌的—C=O 伸缩振动	1 260	磺基振动
1 650	酰胺 I,肽键振动	1 250	C—O 伸缩,RC—O—C 振动,O—H 变形振动

波数/cm^{-1}	归属	波数/cm^{-1}	归属
1 620～1 630	芳香共轭双键,C=C,C=O,COO—,羰基共轭双键及酰胺伸缩振动	1 220～1 231	酚醚,或醇 C—O 伸展和 C—OH 振动
1 590～1 600	芳香 C=C 骨架振动,脂肪 CH$_2$ 变形,CH$_3$ 不对称,肽中 NH$_3$ 振动	1 200	COOH 中 C=O 伸展和 OH 变形振动
1 540～1 550	酰胺 2,杂环 N 振动	1 175～1 180	—OCH$_3$
1 480～1 580	芳环骨架伸缩振动,C—NH 振动	1 070～1 090	脂肪醇、醚、硫醇基振动
1 520～1 530	硝基—NO$_2$ 振动	1 035	SO$_3$H 振动
1 500～1 510	芳香 C=O 伸缩,仲胺伸展振动	1 030～1 040	R—OH,—S=O,—SO$_3$ 振动
1 450～1 465	芳环 C=C 伸展,脂肪 CH$_2$ 变形,CH$_3$ 不对称,NH$_2$ 振动	1 025～1 030	硅酸盐 Si—O 杂质
1 440～1 445	脂肪 CH$_3$ 弯曲振动	1 011	醇、醚中 C—OH 弯曲、伸展
1 395～1 440	醇羟基 OH 弯曲振动	700～900	取代芳环面外变形振动
1 400	羧酸类 OH 弯曲振动,酚类 C—O 伸缩	720	COO—振动
1 380	硝基,CH$_3$ 对称,脂环 CH$_2$ 振动	600～700,510	磺基、硫醇基振动

图 2-11 为氧化煤中黄腐殖酸的红外光谱。结合表 2-9 可知,氧化煤中黄腐殖酸官能团结构受氧化反应的温度影响较大,与原煤黄腐殖酸相比,经氧化处理后,其酚羟基官能团、羧基官能团吸收峰明显增强。进一步比较 SF$_{125,24}$、SF$_{200,12}$、SF$_{200,24}$ 中黄腐殖酸的 FTIR 光谱可以发现随氧化温度的升高,氧化煤中黄腐殖酸的羧基官能团发生分解,向酚羟基、酮醚类化合物转变,随氧化时间的延长,酚羟基发生深度氧化、脱羧,酚羟基官能团含量降低。

不同氧化煤具有相似的棕腐殖酸(图 2-12)和黑腐殖酸(图 2-13)官能团结构,与黄腐殖酸相比,其脂肪烃(2 950～2 940 cm^{-1})、羧酮基官能团(1 702 cm^{-1},1 400 cm^{-1},1 366 cm^{-1})、酚羟基(1 278～1 300 cm^{-1},1 400 cm^{-1})及稳定组分醚酯类化合物(1 090～1 250 cm^{-1})含量较多。氧化程度不同,煤基棕腐殖酸各官能团含量分布也有一定差异。OSFC$_{200,12}$、OSFC$_{200,24}$、OSFC$_{125,24}$ 及原煤腐殖酸中羧基含量依次降低,与不同氧化煤样中羧基含量分布情况一致。与原煤相比,氧化煤中黑腐殖酸比棕腐殖酸在醚酮酯类化合物(1 090～1 250 cm^{-1})、酚羟基、羧基酚羟基(1 278～1 300 cm^{-1},1 400 cm^{-1})含量分布情况变化更明显。

(2) Py-GC-MS 分析

图 2-14～图 2-16 为各种腐殖酸的裂解色谱总离子流图。根据热裂解色谱图中的色谱峰特征及其质谱的热裂解碎片峰特征,对比谱库和相关文献[21-22]中的数据,对腐殖酸结构进行了确定,结果见表 2-10～表 2-13。由表 2-10 和图 2-14 可以看出,酚类、羧酸类、氨基化合物、脂肪烃是腐殖酸的主要裂解产物。其中,标志木质素的苯酚类化合物的峰(谱峰 18)比较突出,同时在裂解中还找到这类物质的同系物。

由图 2-14 和表 2-10 可以看出,在黄腐殖酸的裂解产物中,主要检出了苯酚、苯多酚和苯多酸类等化合物,同时,检测出长链脂肪酸(峰 19,峰 25)和含氮化合物(峰 26,峰 27)。这与李丽[23]报道的土壤腐殖酸的 Py-GC-MS 结果相似。

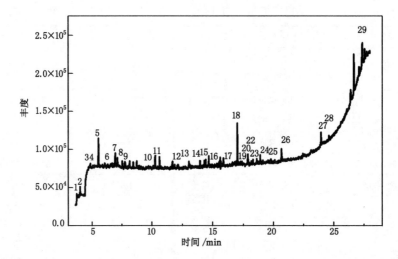

图 2-14　氧化煤黄腐殖酸(HA$_I$-OSFC$_{200,24}$)的热裂解色谱总离子流图

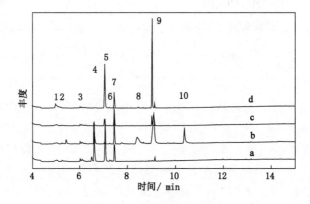

图 2-15　不同氧化煤中棕腐殖酸的裂解色谱总离子流图

a——HA$_{II}$-OSFC$_{200,36}$;b——HA$_{II}$-OSFC$_{200,24}$;c——HA$_{II}$-OSFC$_{200,16}$;d——HA$_{II}$-OSFC$_{200,8}$

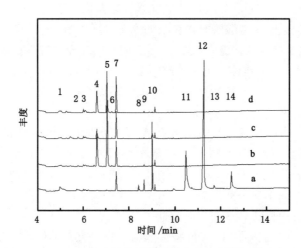

图 2-16　不同氧化煤中黑腐殖酸的裂解色谱总离子流图

a——HA$_{III}$-OSFC$_{200,36}$;b——HA$_{III}$-OSFC$_{200,24}$;c——HA$_{III}$-OSFC$_{200,16}$;d——HA$_{III}$-OSFC$_{200,8}$

表 2-10   HA$_I$ -OSFC$_{200,24}$ 样品的主要热裂解产物

序号	停留时间/min	丰度	热裂解产物	分子式
1	3.694	54 184	苯醚化合物	
2	3.982	52 602	丙酰胺	
3	4.634	89 232	糠醛	
4	4.933	93 184	马来酸酐	
5	5.553	95 881	苯乙烯	
6	6.354	78 883	吩噻派嗪	
7	6.952	200 357	苯酚	
8	7.508	101 839	琥珀酰酐	
9	7.796	86 625	氨基脲	
10	9.783	179 299	苯甲酸	
11	10.509	192 521	吩噻派嗪	

续表 2-10

序号	停留时间/min	丰度	热裂解产物	分子式
12	12.144	270 042	邻苯二甲酸酐	
13	12.732	303 321	吡咯	
14	13.811	93 176	4-甲基邻苯二酸酐	
15	14.11	122 522	3-羟基苯甲酸	
16	15.071	95 225	2,6-二甲基哌嗪	
17	16.3	78 691	A-1-氨甲基-苯甲醇	
18	16.983	93 475	4-[2-(甲氨基)甲基]-邻苯二酚	
19	17.379	130 964	十四酸	
20	17.87	91 550	甲苯丙胺	

序号	停留时间/min	丰度	热裂解产物	分子式
21	18.148	84 064	3-羟化苯丙胺	
22	18.308	91 004	氨基硫脲	
23	18.436	118 928	3-羟基-N-甲基-3-苯丙胺	
24	19.259	119 989	二苯甲酸酯	
25	19.451	272 481	n-十六酸	
26	21.128	104 881	2-氨基,5-羧基咪唑	
27	24.173	147 936	3-甲氧基苯丙胺	
28	24.622	139 070	2-乙基己-1,2-苯二羧酸	

由图 2-15 和图 2-16 以及表 2-11～表 2-13 可知,与黄腐殖酸不同,棕腐殖酸和黑腐殖酸的分子量较大,热裂解产物分子量也相应较高,在检测过程中,色谱能有效分离出的物质种

类也就相应较少,同时,可能也会有相应二次反应发生,形成化学性质比较稳定的酮类、酯类化合物。氧化时间对棕腐殖酸裂解产物均有一定的影响,随着氧化时间的增加,棕腐殖酸热裂解产物的分子量相应降低,峰相应增多,其中,丰度较高的化合物主要为对羟基苯甲酸乙酯(峰 4)等,同时,也检出含氮的化合物。黑腐殖酸的裂解产物中也检测出了苯甲酸酯类化合物,同时检出更多吲哚类杂环酸或酯类化合物。随氧化时间延长,检出物中酯类化合物增加,吲哚类杂环化合物增多。

表 2-11　　　　　　　　　　HA$_\text{II}$-OSFC$_{200,24}$的主要热裂解产物

序号	停留时间/min	丰度	热裂解产物	分子式
1	5.037	177 764	1-甲基-萘	
2	5.432	513 674	4-羟基-苯甲醛	
3	6.024	305 030	4-氰基苯甲酸乙酯	
4	6.616	2 544 742	对羟基苯甲酸乙酯	
5	7.043	195 396	二氮杂萘酮	
6	7.454	2 891 875	1,4-二甲基苯羧基酯	
7	7.767	162 892	4-羟苯甲酰胺	

序号	停留时间/min	丰度	热裂解产物	分子式
8	8.408	801 287	4-羟基-苯甲酸肼	
9	9.099	3 491 251	4-羟基苯甲酸苯酯	
10	10.365	1 892 650	4-羟基苯甲酸苯酯	

表 2-12　　　　　　　　　HA_II-OSFC_{200,24} 的主要热裂解产物

序号	停留时间/min	丰度	热裂解产物	分子式
1	4.988	413 560	吲哚	
2	5.728	181 016	3-甲基吲哚	
3	6.024	174 236	4-氰基苯甲酸乙酯	
4	7.454	1 797 688	1,4-苯二甲酸乙酯	

序号	停留时间/min	丰度	热裂解产物	分子式
5	8.408	545 565	吲哚-3-甲醛	
6	8.655	1 056 670	甲基吲哚-3-羧酸	
7	9.016	6 288 136	吲哚-3-乙醛酸	
11	10.48	3 692 735	甲基吲哚-3-羧酸	
12	11.253	11 941 597	1,3-二乙酰基吲哚	
13	11.697	524 446	N-苄基-2-(1H-吲哚-3-基)-2-氧代乙酰胺	
14	12.469	1 800 783	*N*,*N*-二甲基-a-氧代,H-吲哚-3-乙酰胺,	

表 2-13　　　　　　　　　HA$_{II}$-OSFC$_{200,24}$的主要热裂解产物

序号	停留时间/min	丰度	热裂解产物	分子式
1	5.037	162 873	1-甲基-萘	
2	5.448	217 149	4-羟基-苯甲醛	
3	5.777	189 061	3-羟基-腈	
4	6.024	247 799	4-氰基苯甲酸乙酯	
5	6.599	721 791	对羟基苯甲酸乙酯	
6	7.043	80 100	二氮杂萘酮	
7	7.257	102 539	1-甲基丙基苯甲酸酯	
8	7.454	2 499 472	1,4-苯二甲酸乙酯	
9	7.75	61 395	4-羟苯甲酰胺	
10	8.457	61 517	对氧代丙酮	

由于腐殖酸的组成结构十分复杂,尽管对腐殖酸进行了分级,分别进行了 Py-GC-MS 分析,但黄腐殖酸、棕腐殖酸和黑腐殖酸仍为十分复杂的混合物。由上述结果可以看出,相对分子量较小、结构相对较简单的黄腐殖酸热裂解时,可查出的化合物较多,而其他两种结构复杂和分子量较高的棕腐殖酸和黑腐殖酸热裂解产物可检出的化合物较少,而且,由于这些物质热裂解的机理不清楚,很难对其热裂解产物进行质谱鉴定分析,因此,严重影响了分析的准确性。但这些热裂解产物的结构仍可为建立不同级分腐殖酸的结构提供一些有用的信息。

(3)腐殖酸的分子结构模型

上面通过腐殖酸分级方法从 SFC 和 OSFC 中得到了不同级分的腐殖酸,对这些不同级分腐殖酸进行了结构分析和表征。表 2-14 给出了 SFC 和 OSFC 及其相应的不同腐殖酸级分的总酸性基、羟基和羧基的含量。

表 2-14 官能团含量

样品名称	羧基含量/(mmol/g)	羟基含量/(mmol/g)	总酸性官能团含量/(mmol/g)
SFC	0.463	5.071	5.534
HA$_I$-SFC	4.212	3.238	7.452
HA$_{II}$-SFC	0.882	4.339	5.221
HA$_{III}$-SFC	0.143	3.026	3.169
OSFC$_{200,24}$	3.122	5.234	8.356
HA$_I$-OSFC$_{200,24}$	6.946	3.399	10.345
HA$_{II}$-OSFC$_{200,24}$	2.503	7.489	9.992
HA$_{III}$-OSFC$_{200,24}$	0.707	5.862	6.569

为了能简明地表达不同级分腐殖酸的结构,建立不同级分腐殖酸的结构模型,现基于上述研究结果提出如下假设:

(1)黄腐殖酸、棕腐殖酸到黑腐殖酸,分子量逐渐增大,据表 2-14 实验结果,假设在建立各级分腐殖酸分子模型时,黄腐殖酸、棕腐殖酸到黑腐殖酸的相对分子质量分别为:500、1 000 和 1 500。

(2)由于煤中的氮元素含量较低,暂不考虑含氮官能团,腐殖酸的元素组成主要为碳、氢、氧。

(3)基于表 2-14、FTIR 和 Py-GC-MS 等分析结构,假设黄腐殖酸的芳环缩合度较低,萘环为主,官能团以羧基为主,其次为羟基,为酚多酸类物质;棕腐殖酸可溶于乙醇或丙酮,不溶于水,芳环缩合程度较黄腐殖酸高,以菲或蒽环为主,官能团以羟基为主,其次为羧基、醚键、乙氧基等,芳环的共平面的共轭体系;黑腐殖酸则相对分子质量较大、芳环缩合度较高,以酚羟基为主,有少量羧基官能团,有大量交联键,以及少量乙氧基官能团。

基于上述假设和前面的主要实验结果,采用 Chemsketch 软件分别建立不同腐殖酸级分的结构模型。

(1)黄腐殖酸的结构模型如图 2-17 所示。

(2)棕腐殖酸的结构模型如图 2-18 所示。

(3)黑腐殖酸的结构模型如图 2-19 所示。

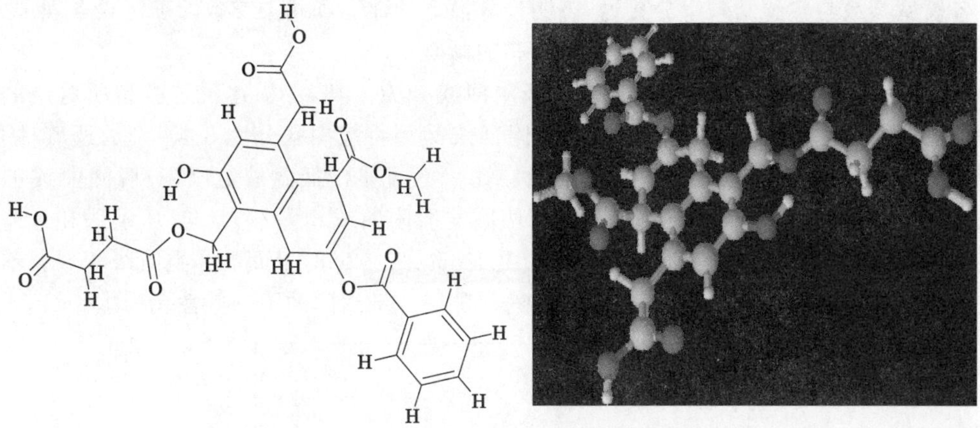

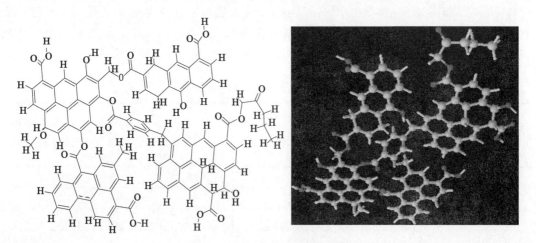

图 2-17　黄腐殖酸的结构模型

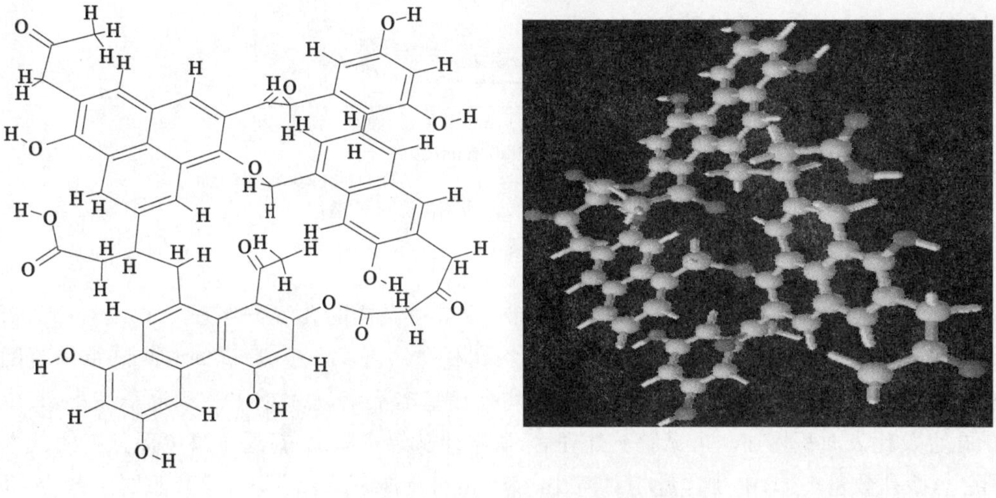

图 2-18　棕腐殖酸的结构模型

图 2-19　黑腐殖酸的结构模型

各模型参数与实验结果十分接近,表明计算模型的建立和相关参数的确定较合理。

2.5.4 预处理对神府煤的孔隙结构及其分布的影响

H. J. de Boer[24]将孔隙物质的低温氮吸附回线分为 5 类,并描述了各类型所对应的孔形状特征。陈萍等[25]根据煤的低温液氮吸附回线类型将煤中孔分为 3 类:开放透气性孔、一端封闭的不透气性孔和细颈瓶形(墨水状)孔。不同煤样低温液氮吸附/脱附曲线如图 2-20 所示。由图可知,不同预处理后的煤样吸附与脱附曲线相差不大,与《压汞法和气体吸附法测定固体材料孔径分布和孔隙度》(GB/T 21650.2—2008)里面的 Ⅱ 类曲线相似。不同预处理过程并未改变煤样的孔隙类型,煤样的孔隙以一端封闭的不透气性孔为主。

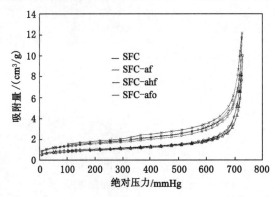

图 2-20　不同煤样 N_2 吸附-脱附等温线

(1 mmHg＝133.324 Pa,下同)

由低温液氮吸附试验结果(表 2-15)可知:① 4 种煤样的孔容分布在 0.012 3～0.018 5 cm^3/g,比表面积分布在 3.14～5.50 m^2/g,平均孔径分布在 7.48～9.37 nm,测试结果范围和文献[26]相当。② 相对于原煤,脱灰煤的平均孔径基本不变,总孔容和比表面积减小,其中微孔的孔容及比表面积增加。可见脱灰处理后,矿物质从煤中脱离,打通了煤中部分封闭的细小微孔[27],微孔数量增加,中孔含量相对减小。③ 相对于脱灰煤 SFC-af,脱灰脱腐殖酸煤 SFC-ahf 的平均孔径减小,总孔容和比表面积减小。可见脱腐殖酸处理,即煤样在碱液抽提过程中,游离或镶嵌于煤高分子主体结构中的一些小分子化合物被溶解,脱腐殖酸处理一定程度上起到疏孔、增加微孔的作用[28]。④ 相对于脱灰煤,脱灰氧化煤的平均孔径增大,总孔容和比表面积减小。空气氧化处理使得中孔分别向微孔、大孔转变,使煤样的孔径更均一。

表 2-15　　　　　　　　　　　不同煤样的孔隙结构参数

样品名称	比表面积			孔容		孔径
	总比表面积 /(m^2/g)	微孔比表面积 /(m^2/g)	外比表面积 /(m^2/g)	总孔容 /($\times 10^{-2}$ cm^3/g)	微孔孔容 /($\times 10^{-4}$ cm^3/g)	平均孔径/nm
SFC	5.50	0.65	4.85	1.85	2.29	7.75
SFC-af	5.18	0.83	4.35	1.78	3.16	7.76
SFC-ahf	3.58	0.77	2.81	1.23	3.13	7.48
SFC-afo	3.14	0.54	2.60	1.53	2.08	9.37

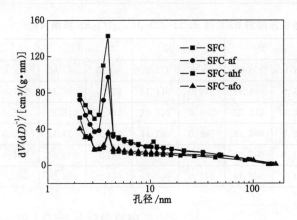

图 2-21　不同煤样的孔径分布

不同煤样的比表面积与孔径分布关系曲线如图 2-21 所示。结果表明:孔径大于 50 nm 时,孔径分布曲线平缓,没有峰区,单位孔径增量的孔容增量大致相同;孔径小于 50 nm 时,原煤(SFC)以及脱灰煤(SFC-af)均在孔径 2.0 nm 及 3.9 nm 的孔隙处出现了 2 个孔容分布高峰,SFC-ahf 以及 SFC-afo 则在孔径集中在 2.0 nm、2.6 nm 和 3.9 nm 的孔隙处出现 3 个孔容分布高峰。说明四种煤样大部分孔容积分布在中孔、微孔段,其中原煤及脱灰煤以中孔为主,氧化处理及脱腐殖酸可以处理促进煤样中微孔的形成。

煤本身是一种分形体,破碎后的煤颗粒作为最基本的单元体,其孔隙结构分布具有统计规律上的自相似性。因此,可以利用分形理论研究相同破坏条件下,煤体孔隙结构的分形特征[29]。分析发现,SFC 的累计孔体积对数值、累计孔比表面积对数值均与孔径对数值呈很高的相关性,相关系数都在 0.75 以上,有的甚至达到 0.99,说明孔隙具有明显的分形特征。为此,依据文献[30]的方法,对煤样孔隙系统进行了分形研究,结果见表 2-16。

表 2-16　　　　　　　　　　不同煤样孔隙分形维数计算结果

样品	累积孔体积分形维数与孔径关系	体积分形维数 D_V	相关系数	累积比表面积分形维数与孔径关系	面积分形维数 D_S	相关系数
SFC	$\lg V = -0.258\lg r - 1.595$	3.258	0.809	$\lg S = -0.797\lg r + 0.911$	2.797	0.977
SFC-af	$\lg V = -0.246\lg r - 1.617$	3.246	0.797	$\lg S = -0.760\lg r + 0.848$	2.761	0.973
SFC-ahf	$\lg V = -0.226\lg r - 1.784$	3.226	0.755	$\lg S = -0.689\lg r + 0.587$	2.689	0.954
SFC-afo	$\lg V = -0.202\lg r - 1.699$	3.202	0.760	$\lg S = -0.653\lg r + 0.625$	2.653	0.960

由表可见,不同煤样的体积分形维数 D_V 分布在 3.202~3.258,面积分形维数 D_S 分布在 2.653~2.797。煤粉经过酸处理脱灰和进一步的碱处理脱腐殖酸或者空气氧化处理后,其 D_V 值和 D_S 值均减小,氧化处理使得煤粉孔隙系统的复杂程度降低,结构得到简化,更适合作为基体制备出形貌均一和性能稳定的复合材料。

2.6　本章小结

(1)氧化温度使神府煤的 O/C 相对增加,H/C 相对减少,含氧官能团增加,且产物的芳香度增加。

（2）氧化煤腐殖酸中各级分产率，以黑腐殖酸最高，棕腐殖酸次之，黄腐殖酸最低。随着氧化程度增加，总腐殖酸的产率增加且随氧化时间变化呈现波浪式增加。煤氧化过程是煤中黑腐殖酸、棕腐殖酸和黄腐殖酸逐级氧化分解的串联反应过程。各级分氧化过程活化能不同，且氧化分解产生的不同分子量小分子物质可以进一步深度氧化，从而导致各级分随温度变化产率不同。

（3）氧化神府煤中各种腐殖酸组分的官能团结构的差异与氧化程度有关。提高氧化程度有助于形成如羧基酮、共轭羰基及醚键等含氧官能团。随氧化程度的升高，黄腐殖酸羧基含量减小，酮醚类化合物含量增加，酚羟基含量先增加后减小。不同氧化煤具有相似的棕腐殖酸与黑腐殖酸官能团结构。

（4）酚类、羧酸类、氨基化合物、脂肪烃是腐殖酸主要的裂解产物。黄腐殖酸主要检出了苯酚、苯多酚和苯多酸类等化合物，同时检测到长链脂肪酸和含氮化合物。

（5）用化学结构模型归纳了氧化神府煤中不同腐殖酸组分的结构差异，其主要差异主要表现为分子量、含氧官能团分布及含量等。黄腐殖酸的芳环缩合度较低，萘环为主，官能团以羧基为主，其次为羟基；棕腐殖酸的芳环为共平面的共轭体系，缩合程度较黄腐殖酸高，以菲或蒽环为主，官能团以羟基为主，其次为羧基、醚键、乙氧基等；黑腐殖酸则相对分子量较大，芳环缩合度较高，以酚羟基为主，有少量羧基官能团，有大量交联键，以及少量乙氧基官能团。

（6）神府原煤、脱灰煤、脱灰脱腐殖酸煤、脱灰氧化煤的孔隙都以一端封闭的不透气性孔为主。原煤及脱灰煤以中孔为主，脱腐殖酸处理一定程度上起到疏孔、增加微孔的作用。空气氧化处理使得中孔分别向微孔、大孔转变，煤样的孔径更均一。不同预处理煤样的体积分形维数 D_V 分布在 $3.202\sim3.258$，面积分形维数 D_S 分布在 $2.653\sim2.797$。氧化处理使得煤粉孔隙系统的复杂程度降低，结构得到简化，更适合作为基体制备出形貌均一和性能稳定的复合材料。

参 考 文 献

[1] 陆伟，胡千庭.煤低温氧化结构变化规律与煤自燃过程之间的关系[J].煤炭学报，2007，32(9)：939-944.

[2] 褚廷湘，杨胜强，孙燕，等.煤的低温氧化实验研究及红外光谱分析[J].中国安全科学学报，2008，18(1)：171-177.

[3] 樊晓萍，周安宁，葛岭梅.煤孔结构对煤/PAN复合材料导电性能的影响[J].煤炭转化，2005，28(1)：82-84.

[4] 张树川.煤样粒径对煤低温氧化影响的实验研究[J].安徽理工大学学报（自然科学版），2013，33(4)：62-66.

[5] 陆宝宽.对煤氧化过程的相关变化分析[J].科技致富向导，2013(14)：363.

[6] 陈茂，刘新兵，魏贤勇，等.温和条件下碱/酸法脱除煤中矿物质的研究[J].华东理工大学学报，1995，21(3)：311-315.

[7] 张洪，蒲文秀，哈斯，等.化学脱灰对低灰煤粉性质的影响[J].工程热物理学报，2009，30

(4):699-702.

[8] 李鑫,凌开成,何敏,等.脱矿物质过程对煤结构影响的研究[J].洁净煤技术,2009(3):39-42.

[9] 刘转年.煤基超细复合吸附剂的制备及吸附特性研究[D].西安:西安建筑科技大学,2004.

[10] 刘转年,张万松,陈亮,等.神府煤对重金属离子的吸附性能和机理研究[C]//Proceedings of Conference on Environmental Pollution and Public Health.武汉:武汉大学,2010:4.

[11] 刘转年,周安宁,金奇庭.不同粒度煤粉对 Ni-(2+)的吸附特性[J].煤炭学报,2005,30(5):85-89.

[12] PEURAVUORI J, ZBÁNKOVÁ P, PIHLAJA K. Aspects of structural features in lignite and lignite humic acid[J]. Fuel Processing Technology,2006,87(9):829-839.

[13] 巨文军,申丽红,郭丹丹.氮气吸附法和压汞法测定 Al_2O_3 载体孔结构[J].广东化工,2009,36(8):213-214,228.

[14] 杨峰,宁正福,张世栋,等.基于氮气吸附实验的页岩孔隙结构表征[J].天然气工业,2013,33(4):135-140.

[15] 葛岭梅,李建伟.神府煤低温氧化过程中官能团结构演变[J].西安科技学院学报,2003,23(2):117-190.

[16] WANG H, DLUGOGORSKI B Z, KENNEDY E M. Theoretical analysis of reaction-regimes in low-temperature oxidation of coal[J]. Fuel,1999,78(9):1073-1081.

[17] 谢克昌.煤结构与反应性[M].北京:科学出版社,2002:88-97.

[18] 程志强,蔡磊,王军.神华煤的氧化自燃机理[J].华东电力,2002(5):40-41.

[19] 战婧.添加剂对煤低中温氧化过程的影响及其机理研究[D].合肥:中国科学技术大学,2012.

[20] 张玉涛,玉都霞,仲晓星.水分在煤低温氧化过程中的影响研究[J].煤矿安全,2007,38(11):1-4.

[21] 李丽,冉勇,傅家谟,等.超滤分级研究腐殖酸的结构组成[J].地球化学,2004,33(4):387-394.

[22] JACKSON R W, BONGERS D G, REDLICH J P, et al. Characterisation of brown coal humic acid and modified humic acid using pyrolysis gems and other techniques [J]. International Journal of Coal Geology,1996,32(1-4):229-240.

[23] 李丽.不同级分腐殖酸的分子结构特征及对菲的吸附行为的影响[D].广州:中国科学院广州地球化学研究所,2003.

[24] BOER DE H J. The shape of capillaries[C]//EVERETT D H,STONE F S. The Structure and Properties of Porous Materials. London:But-terworth,1958.

[25] 陈萍,唐修义.低温氮吸附法与煤中微孔隙特征的研究[J].煤炭学报,2001,26(5):552-556.

[26] 乔军伟.低阶煤孔隙特征与解吸规律研究[D].西安:西安科技大学,2009.

[27] 王飞,张代钧,杨明莉,等.煤的溶剂抽提规律及其产物性能的研究进展[J].煤炭转化,

　　　　2003,26(1):8-11.

[28] 水恒福,曹美霞,王知彩.几种烟煤及其热处理后的溶胀性能研究[J].燃料化学学报,
　　　　2007,35(2):141-145.

[29] 张玉涛,王德明,仲晓星.煤孔隙分形特征及其随温度的变化规律[J].煤炭科学技术,
　　　　2007,35(11):73-76.

[30] 童宏树,胡宝林.鄂尔多斯盆地煤储层低温氮吸附孔隙分形特征研究[J].煤炭技术,
　　　　2004,23(7):1-3.

3 Zn/Mg/Al-LDHs 的制备及性能研究

天然 LDHs 储量少,且易与叶绿泥和白云母矿等杂质共生,纯度低,难以分离,使其应用受到限制。1942 年 Feitknecht 首次通过混合金属盐与碱金属氢氧化物反应人工合成 LDHs,极大地推动了 LDHs 结构、性能和应用的开发研究。目前,LDHs 已被应用于阻燃、催化及离子交换等领域,且具有显著优势。首先,LDHs 的层板金属离子具有可交换性[1-3],只要二价金属离子和三价金属离子的半径与 Mg^{2+}(离子半径 0.65 Å)相近就能形成 LDHs,Zn^{2+} 及 Al^{3+} 的离子半径分别为 0.74 Å 和 0.50 Å,是常见的 LDHs 层板阳离子组成元素。其次,LDHs 具有层间阴离子可交换性,可调节反应溶液中层间阴离子的种类及数量,进而改变 LDHs 的性能以满足应用需要。再次,LDHs 层板具有丰富的碱性催化活性位点,在催化领域已经取得了广泛应用。经适当温度焙烧处理后,形成金属氢氧化物(layered double oxidizations,LDOs)可保留前体 LDHs 的层板结构,同时催化活性位点增加,催化效果更好[4-6]。最后,LDOs 在阴离子溶液中可以自动捕获阴离子,恢复前体 LDHs 的组成及结构特征,该性质称为"记忆效应"[7-8]。结构组成的可恢复性,已被人们用于制备体积较大的阴离子插层 LDHs,同时赋予 LDHs 可重复利用的应用特征[9-10]。

Zn/Mg/Al-LDHs 具有原料来源丰富及制备简单易得等特点,不仅成功用于催化、医药、水处理等领域,作为高分子阻燃剂也受到人们的广泛关注。黄宝晟[11]首次发现层状双氢氧化物阻燃剂 $Mg_3Al\text{-}CO_3$-LDHs 中 Mg 元素具有促进聚合物成炭的作用,Mg 元素为阻燃消烟的有效组分。史翎等[12-13]以含 Zn 化合物具有促进炭化膜形成及较好抑烟效果为依据,用成核/晶化隔离法将 Zn^{2+} 作为结构基元引入阻燃剂 MgAl-CO_3-LDHs 中,均匀分散至 EVA-28 树脂中,研究发现 Zn^{2+} 可降低主客体间相互作用力,Zn/Mg/Al-CO_3-LDHs 的羟基和 CO_3^{2-} 的脱除温度降低,提前形成 ZnO 的复合金属氧化物,提高阻燃和抑烟性能。与 Mg/Al-CO_3-LDHs 相比,Zn/Mg/Al-CO_3-LDHs 具有更为优异的阻燃和抑烟性能。

随着 Zn/Mg/Al-LDHs 的广泛应用,研究其制备条件及影响因素,可为提高 LDHs 产率降低生产成本以及进一步提高功能化应用效果奠定基础。本章以共沉淀法制备 Zn/Mg/Al-LDHs。通过 XRD、FTIR、SEM 和 TG 分析研究了金属离子比例、阴离子种类、过程强化方法(微波、超声)及其他合成条件(温度、pH、晶化时间等)对 LDHs 的组成、结构、热性能及焙烧复原性等的影响规律。其中,阴离子选用神府煤基腐殖酸阴离子,为煤中 LDHs 的生长机理、热分解过程及可重复利用提供理论基础和指导。

煤自燃引发的煤火灾害遍布世界各地。我国 90% 以上的煤矿具有自燃隐患,每年发生煤自燃灾害超过 4 000 余次,严重威胁着矿工人身安全和矿井安全生产。同时煤自燃又是一个极其复杂的物理化学变化,虽然煤炭预防自燃类材料很多,但都存在着一定的缺点。本书首次采用煤自燃程序升温实验平台及热重-红外-色谱/质谱联用技术,研究稀土层状双氢氧化物的阻化特性,将稀土层状双氢氧化物的多级热分解吸热效应等阻燃特征因素特性用于煤炭自燃防治过程中,是煤自燃阻化剂研发的崭新课题,具有重要的理论价值和研究意义。由于稀土元素优异的螯合性能以及煤大分子中—COOH与金属离子的选择性络合作用以及煤对金属离子的吸附平衡,La^{3+}优先于其他的金属离子与煤中的活性基团发生络合作用,阻止了与氧气的反应,从而抑制煤自燃。借助程序升温实验研究了色连煤样,以及在添加阻化剂之后的特征气体浓度、耗氧速率、氧化放热强度等的变化规律,从而对比分析了自制阻化剂的阻化效果。通过热重-红外-色谱/质谱联用技术,对比分析了添加阻化剂前后特征温度点的变化,从而分析自制阻化剂的阻化效果,进一步探索LDHs抑制煤自燃的阻化机理。

3.1 实 验 部 分

3.1.1 实验原料及仪器

实验用煤样为神府矿区张家峁 3^{-1} 煤,其工业分析及元素分析见表 2-3,主要试剂见表 3-1,主要仪器和设备列于表 3-2。

表 3-1   **主要试剂**

试剂名称	级别	生产厂家
氯化锌($ZnCl_2$)	A. R.	郑州派尼化学试剂厂
氯化镁($MgCl_2 \cdot 6H_2O$)	A. R.	郑州派尼化学试剂厂
结晶氯化铝($AlCl_3 \cdot 6H_2O$)	A. R.	西陇化工股份有限公司
氢氧化钠($NaOH$)	A. R.	天津市河东区红岩试剂厂
无水碳酸钠(Na_2CO_3)	A. R.	西安化学试剂厂
无水乙醇	A. R.	西安化学试剂厂

表 3-2   **实验仪器及设备**

实验仪器	型号	生产厂家
微波炉	MG-5334SD	LG 公司
超声波清洗器	KQ3200B	昆山市超声仪器有限公司
电子天平	FA2004N	上海精密科学仪器有限公司
电动搅拌器	JJ-1	江苏金坛市正基仪器有限公司
恒温水浴锅	HH-S4	北京科伟永兴仪器有限公司
离心机	TD5B	长沙英泰仪器有限公司
真空干燥箱	DZF	北京中兴伟业仪器有限公司
X 射线衍射仪	XRD-7000	日本岛津公司
傅里叶变换红外光谱仪	Tensor27	德国布鲁克公司
扫描电镜	S4800	日本日立公司
热重分析仪	Q50	美国 TA 公司
DSC 差示扫描量热仪	200PC	德国耐弛仪器公司
粒度分析仪	LS230	美国贝克曼库尔特有限公司

3.1.2 煤基腐殖酸的制备

采用 2.3.3"碱溶酸析"方法对煤基腐殖酸进行提取及分离分级,流程图见图 2-2。简要论述如下:

首先将 100 g 氧化煤 OSFC$_{200,24}$ 溶于 1 500 mL 碱液(1 mol/L NaOH)中,在 N$_2$ 保护下搅拌 24 h。然后对煤碱混合溶液进行抽滤,滤饼用 50 mL(1 mol/L NaOH)碱液洗涤再用去离子水洗涤至滤液无色,将所有滤液收集进行二次离心(25 min, 2 500 r/min),得到总腐殖酸(HAs)碱溶液,测定其腐殖酸含量,并将其浓度稀释为 20%。

将 1 500 mL HAs 溶液用 36% 的盐酸溶液酸化至 pH≈1,离心分离收集上清液(黄腐殖酸溶液)和沉淀(棕、黑腐殖酸)。将黄腐殖酸溶液在 45 ℃旋转蒸发浓缩,然后用乙醇盐析(反复进行),最后得到黄腐殖酸的醇溶液,室温干燥 24 h,从蒸发皿刮取得到黄腐殖酸(HA$_\text{I}$)备用。将棕、黑腐殖酸滤饼用 0.5% 体积浓度 HCl:HF 脱灰处理 36 h,离心分离,沉淀用蒸馏水反复洗涤离心至 pH≈7,然后室温干燥,所得固体用乙醇溶解,振荡 12 h,静置过夜,离心分离,得到的上清液为棕腐殖酸的醇溶液,室温干燥 24 h,然后从蒸发皿刮取得到棕腐殖酸(HA$_\text{II}$)备用;将沉淀室温干燥 12 h 至块状,得到黑腐殖酸(HA$_\text{III}$)备用。

3.1.3 LDHs 的制备

不同 Zn/Mg/Al-LDHs 的制备流程如图 3-1 所示。

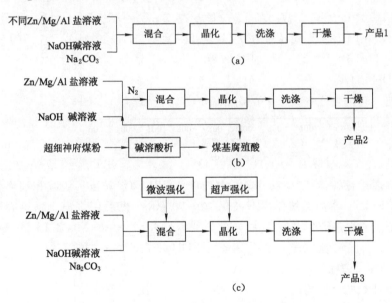

图 3-1　Zn/Mg/Al-LDHs 的制备流程图

(a) 金属离子的影响;(b) 阴离子的影响;(c) 超声微波强化方式的影响

(1) 金属离子对 Zn/Mg/Al-LDHs 的影响

Zn/Mg/Al-CO$_3$-LDHs 的制备按照图 3-1(a)所示流程,采用共沉淀法制备。取 200 mL 混合盐溶液 A[由 0.2 mol/L 的氯化锌、氯化镁和氯化铝的水溶液按 $n(Zn^{2+})/n(Mg^{2+})/n(Al^{3+})$ 比例配制]于 500 mL 三口烧瓶中,用 150 mL 混合碱溶液 B$_1$[$c(OH^-)/c(CO_3^{2-})=2.25, c(OH^-)=0.75$ mol/L]逐滴滴定盐溶液,快速搅拌,控制滴定终点 pH 值为 9.0～11.0,滴定完成后继续剧烈搅拌 1 h;于 70 ℃水浴晶化 24 h,然后用去离子水离心洗涤直至

无 Cl^- ,75 ℃干燥 24 h 并研磨得到样品。

金属盐溶液 A 中 $n(Zn^{2+})/n(Mg^{2+})/n(Al^{3+})$ 比例 R 分别控制为 $R=1:1:1$ (R_1) , $1:2:1(R_2)$, $1:3:1(R_3)$, $1:4:1(R_4)$, $1.5:1.5:1(R_5)$ 。产品分别标记为 LDHs-R_1 , LDHs-R_2 ,LDHs-R_3 ,LDHs-R_4 及 LDHs-R_5 。

（2）阴离子对 Zn/Mg/Al-LDHs 的影响

Zn/Mg/Al-NO_3-LDHs 的制备按照图 3-1（b）所示流程,采用共沉淀法制备。取 200 mL 混合盐溶液 A[$n(Zn^{2+})/n(Mg^{2+})/n(Al^{3+})=1:2:1$, $c[(Zn^{2+})+(Mg^{2+})+(Al^{3+})]$ $=0.2$ mol/L]与 150 mL NaOH 碱溶液[$c(OH^-)=0.75$ mol/L]同时滴入盛有 20 mL 脱 CO_2 去离子水的三口烧瓶中, N_2 保护条件下快速搅拌,控制滴定终点 pH 值为 9.0~11.0。剧烈搅拌 1 h 后于 70 ℃水浴晶化 24 h,并用脱 CO_2 去离子水离心洗涤直至无 Cl^- ,75 ℃真空干燥 24 h、研磨得到样品,记为 LDHs-NO_3 。

Zn/Mg/Al-HAs-LDHs 的制备按照图 3-1（b）所示流程,采用共沉淀法制备。取 200 mL 混合盐溶液 A[$n(Zn^{2+})/n(Mg^{2+})/n(Al^{3+})=1:2:1$, $c[(Zn^{2+})+(Mg^{2+})+(Al^{3+})]$ $=0.2$ mol/L],分别与 200 mL 5%HAs、10%HAs 碱溶液（由 3.1.2 中得到的 20%HAs 碱溶液稀释得到）在上述 Zn/Mg/Al-NO_3-LDHs 制备相同条件下,制备 Zn/Mg/Al-HAs-LDHs,分别标记为 LDHs-HAs-5%,LDHs-HAs-10%,LDHs-HAs-20%。

不同腐殖酸级分 HA_I , HA_{II} 和 HA_{III} 插层型 Zn/Mg/Al-LDHs 制备,采用与 Zn/Mg/Al-HAs-LDHs 相同工艺流程及条件,仅用含 HA_I （或 HA_{II} 或 HA_{III} ）10%的 200 mL 1.0 mol/L NaOH 溶液代替混合腐殖酸碱溶液。所制样品分别标记为 LDHs-HA_I ,LDHs-HA_{II} 以及 LDHs-HA_{III} 。

（3）微波和超声强化方式对 Zn/Mg/Al-LDHs 的影响

采用微波超声共同辅助共沉淀法制备 Zn/Mg/Al-CO_3-LDHs,流程如图 3-1（c）所示。取 200 mL 混合盐溶液 A[$n(Zn^{2+})/n(Mg^{2+})/n(Al^{3+})=1.5:1.5:1$]于 500 mL 三口烧瓶中,用 150 mL 混合碱溶液 B_1[$c(OH^-)/c(CO_3^{2-})=2.25$, $c(OH^-)=0.75$ mol/L]逐滴滴定盐溶液,快速搅拌,控制滴定终点 pH 值为 9.0~11.0,滴定完成后继续在超声作用下搅拌 10~60 min,于 70 ℃水浴微波作用下晶化 10~70 min。然后用去离子水离心洗涤直至无 Cl^- ,75 ℃干燥 24 h 并研磨得到样品,样品分别标记为 LDHs-UtMt,如 LDHs-U_1M_2 表示超声辐照 10 min,微波辐射 20 min 强化制备的 LDHs-R_5 样品。

3.1.4 结构与性能表征

（1）采用日本岛津公司的 XRD-7000 X 射线衍射仪,射线源 CuKa 靶,λ 为 0.154 nm,电压 40 kV,电流 30 mA,扫描速度 0.15°/s,扫描步长 0.02°,角度范围 $2\theta=3°\sim70°$ 。

（2）采用德国布鲁克公司的 Tensor27 型傅里叶变换红外光谱仪,采用 KBr 压片法制样。测试范围 4 000~400 cm^{-1} ,分辨率 4 cm^{-1} ,扫描 32 次,利用 DTGS（氘化硫酸三苷肽）检测器进行检测。

（3）LDHs、总腐殖酸及黑腐殖酸 LDHs 的 SEM 测试在日本 EJOL 公司的 JSM-6460LV 扫描电子显微镜上进行,黄腐殖酸及棕腐殖酸型 LDHs 利用场发射扫描电镜（JSM-6700F）在高倍下测试。其他样品采用日本日立公司生产的 S4800 型冷场扫描电镜。将少量粉末样品涂在导电胶上,喷金后,固定在样品台上进行观察。

（4）采用美国 TA 公司生产的 Q50 型热重分析仪,升温速率 20 ℃/min,工作温度从室温到 600 ℃,工作气氛为氮气,流量为 100 mL/min,样品质量为 8~10 mg。

（5）采用程序升温法及热重分析法研究稀土类水滑石的阻化性能及阻化机理。

① 程序升温实验

根据煤的自燃特性和机理方面的研究可以知道,对于某一具体煤样,其自燃特性是它内在属性,是稳定不变的,但煤自燃的过程是由其自燃性和外界条件共同决定的,如温度、粒度等。程序升温实验研究是在固定煤样种类、粒径等某些外部条件下,在常规氧浓度的漏风环境中进行煤样自燃性测试,从而为研究阻化剂抑制煤炭氧化自燃过程中各参数的对比提供参照。

实验过程:采集新鲜的色连矿煤样,破碎粒度分别为 0~0.9 mm,0.9~3.0 mm,3.0~5.0 mm,5.0~7.0 mm,7.0~10.0 mm。然后分别将不同粒度的煤样各称取 200 g,装入煤样试管内依次进行程序升温实验测试。将不同阻化剂(稀土层状双氢氧化物)以不同比例(3%、5%、10%、15%)与煤样混合,测定加入阻化剂前后,对比分析煤样的温度变化及气体产物变化,进而计算各种阻化剂的阻化率。

② 热分析(TG-DSC)

对煤自燃宏观和微观参数变化进行同步分析,采用 TG-IR-GC/MS 联用分析系统,研究煤氧化、热解过程中不同条件下反应引起的质量、能量、气体氧化产物及主要活性官能团的变化规律,揭示煤氧化、热解产物的生成机理及影响因素。

样品制备:将阻化剂与煤样以不同比例用玛瑙研钵混合均匀,并密封保存,以备测试。为保持煤样的原始特征信息,避免造成部分有机小分子的脱落,从而改变煤样的原始活性,所有实验煤样均未做脱灰处理。

本实验采用 TG209,采集长焰煤,研磨成粒度为 0.098 mm 的煤样进行测试。实验起始温度为 20 ℃,终止温度为 800 ℃。在升温速率为 10 ℃/min,供氧浓度(体积比)为 21% 条件下对煤样特性进行测试,实验完成后保存 DSC、TG 数据。实验设备如图 3-2 所示。

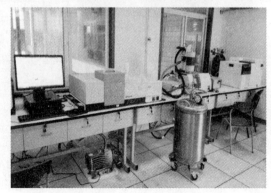

图 3-2 热重分析仪

3.2 结果与讨论

3.2.1 金属离子比例对 Zn/Mg/Al-CO₃-LDHs 结构的影响

不同金属离子比例 Zn/Mg/Al-CO$_3$-LDHs 的 XRD 谱图如图 3-3 所示。由图可知,产品均呈典型的 LDHs 结构,与文献[14]报道的 Zn/Mg/Al-LDHs 的 XRD 谱图特征一致。衍射峰的基线低而平稳,峰形尖锐,且对称性好,说明成功制备出了晶相单一且结晶度高的锌镁铝 LDHs。随着 Mg^{2+} 含量的增加,LDHs 的特征衍射峰的强度均减弱,说明 LDHs 的结晶程度变低。

2θ 为 11.36°、23.12°、34.64°处的特征衍射峰分别对应 LDHs 的(003)、(006)和(009)晶面衍射。根据布拉格公式 $2d\sin\theta=\lambda$ 计算可知各晶面间距。晶胞参数计算公式为 $a=2d$

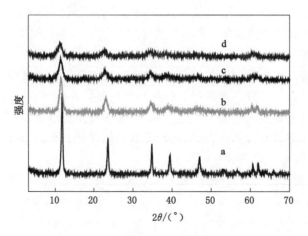

图 3-3　不同金属离子比例 Zn/Mg/Al-CO$_3$-LDHs 的 XRD 谱图

a——LDHs-R_1；b——LDHs-R_2；c——LDHs-R_3；d——LDHs-R_4

(110)，$c=3d$(003)。根据谢尔公式可以计算 a 轴及 c 轴方向的晶粒尺寸，计算结果如表 3-3 所列。随着 Mg^{2+} 含量的增加，LDHs 层板厚度及直径均显著降低。

表 3-3　　　　　　　　　不同金属离子比例 Zn/Mg/Al-CO$_3$-LDHs 的 XRD 参数

结构参数 \ 金属离子比例 n(Zn)∶n(Mg)∶n(Al)	1∶1∶1	1∶2∶1	1∶3∶1	1∶4∶1
d_{003}/nm	0.753	0.775	0.773	0.778
d_{006}/nm	0.377	0.384	0.388	0.389
d_{009}/nm	0.257	0.259	0.259	0.260
d_{110}/nm	0.152	0.153	0.153	0.153
半峰宽 $W_{1/2(003)}$/(°)	22.976	39.649	42.212	49.962
半峰宽 $W_{1/2(110)}$/(°)	20.053	26.184	28.591	36.268
晶胞参数 a/nm	0.305	0.306	0.306	0.306
晶胞参数 c/nm	2.259	2.327	2.319	2.335
a 轴方向晶粒尺寸/nm	26.004	19.899	18.223	14.362
c 轴方向晶粒尺寸/nm	19.694	11.409	9.582	9.053

3.2.2　阴离子环境对 Zn/Mg/Al-LDHs 结构的影响

研究不同腐殖酸环境中，阴离子对 LDHs 结构、形貌的影响对于揭示煤在 LDHs 合成过程中的作用具有十分重要的借鉴意义。

（1）腐殖酸含量对 LDHs 结构、形貌的影响

图 3-4 是 LDHs-NO$_3$，LDHs-HAs-20％ 以及 HAs 的 XRD 谱图。所有样品均存在与 LDHs 相似的特征衍射峰（JCPDS 卡 NO.51—1528）。LDHs-HAs-20％ 的结晶度较低，2θ 为 25.52°处为腐殖酸的无定形衍射峰，2θ 分别为 8.48°和 11.32°处存在两个 003 晶面衍射

峰,说明了 HAs 插层 LDHs(层间距 $d_{003}=1.04$ nm),并且与 Zn/Mg/Al-CO$_3$-LDHs($d_{003'}=0.78$ nm)同时存在于检测样品中,说明尽管采用了 N$_2$ 保护,在合成过程中仍然存在 CO$_2$ 污染。由于 LDHs-NO$_3$ 的产物纯度足够高,在其谱图中仅存在一个 003 衍射峰($d_{003'}=0.80$ nm)。LDHs 层板厚度为 0.48 nm,LDHs-HAs 纳米复合材料的层间通道高度大约为 0.56 nm,意味着发生了 HAs 的插层。根据分子动力学,按照能量最小化原则,模拟了 HAs 的分子结构,发现 HAs 的任何方向轴向长度均大于 0.56 nm,因此,LDHs-HA-20 的层间高度增加是由 HA 官能团部分插层及柱撑造成的,这与 S. J. Santosa 等[15]的研究结果一致。他们通过 Mg/Al-LDHs 对腐殖酸的吸附特性研究,发现吸附主要发生 Mg/Al-LDHs 的表面上,柱撑作用较弱,而 Zn/Al-LDHs 对腐殖酸的吸附主要是层间柱撑的结果,有较高的活化能。

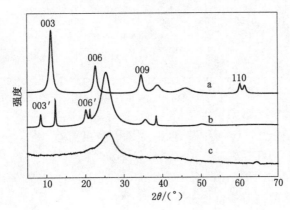

图 3-4　LDH-NO$_3$,LDHs-HAs-20％和总腐殖酸 HAs 的 XRD 谱图

a——LDH-NO$_3$;b——LDHs-HAs-20％;c——HAs

HAs,LDHs-NO$_3$ 以及不同 HAs 浓度下 Zn/Mg/Al-HAs-LDHs 的 FTIR 谱图如图 3-5 所示。LDHs-NO$_3$ 和 LDHs-HAs 在 3 400～3 600 cm^{-1} 均存在一个宽峰,归因于羟基官能团的伸缩振动。同时,金属氧 M—O—M 分别在 450 cm^{-1} 及 780 cm^{-1} 处存在伸缩振动峰,表明了 LDHs 层状有序的结构特征。另外,LDHs-NO$_3$ 在 1 630 cm^{-1} 处存在水分子的弯曲振动峰,在 1 384 cm^{-1} 处存在 NO$_3^-$ 的 N—O 伸缩振动峰。

不同 HAs 浓度下 Zn/Mg/Al-HAs-LDHs 谱图中,均可以同时观察到 LDHs 层板和插层 HAs 的特征衍射峰。所有谱图的最直接的特点是在 1 600 cm^{-1} 和 1 400 cm^{-1} 处产生羧基官能团 COO—的伸缩振动峰。另外,在合成过程中的腐殖酸含量越高,该羧基伸缩振动峰向低波数的位移越显著,说明了 HAs 中的 COO—与 LDHs 中的—OH 相互作用程度逐渐增加。同时,在 1 360 cm^{-1} 处的波峰主要是 CO$_3^{2-}$ 的 C—O 伸缩振动峰。因此,可以推断 HAs 部分结构插层到 LDHs 层间,与 CO$_3^{2-}$ 共存。结果表明,COO—是 HAs 插层的主要官能团。

LDHs-NO$_3$,LDHs-HAs-5％及 LDHs-HAs-10％的 SEM 谱图如图 3-6 所示。由图 3-6 可知,LDHs-NO$_3$ 为纳米 LDH 层片无规则堆积产生的团聚体。当腐殖酸存在时,可发现有球形 LDHs 团簇生成,且随着腐殖酸浓度的增加,球形团簇的直径减小,且在表面出现弯曲的 LDHs 层板。

腐殖酸对 LDHs 形貌的诱导机理可用图 3-7 描述。腐殖酸对金属离子的络合作用使得其在 LDHs 层板表面产生强烈的吸附作用,限制了层板的堆积生长,并诱导层板沿着腐殖

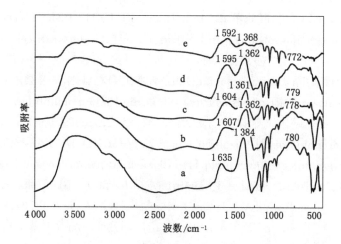

图 3-5　样品的 FTIR 谱图(1)

a——LDHs-NO₃;b——LDHs-HAs-5％;c——LDHs-HAs-10％;

d——LDHs-HAs-20％;e——HAs

图 3-6　样品的 SEM 图

(a) LDHs-NO₃;(b) LDHs-HAs-5％;(c) LDHs-HAs-10％

酸的弯曲界面生长而发生了形变。

(2)腐殖酸种类对 LDHs 结构和形貌的影响

图 3-8 是 LDHs-NO₃ 以及不同腐殖酸各级分存在条件下 Zn/Mg/Al-HAs-LDHs 的 XRD 图。除 LDHs-HAⅡ外,对其他腐殖酸-LDHs 复合材料样品同时检测到 HAs 部分插

图 3-7 腐殖酸控制 LDHs 层板弯曲生长示意图

层 LDHs 与 LDHs-CO₃ 的衍射峰特征:2θ 为 26°附近存在由腐殖酸产生的无定形衍射峰,且该峰与 LDHs 的(006)晶面衍射峰重叠;2θ 为 5°~11°出现 2 个 LDHs 的(003)晶面衍射峰。尽管整个过程采用 N₂ 保护,在合成过程中仍然存在 CO₂ 污染。LDHs-HA₂ 复合物衍射峰仅仅出现了腐殖酸的无定形衍射峰,说明棕腐殖酸存在时,较难形成 LDHs 晶体。根据布拉格公式可以计算出各晶面间距,LDHs-NO₃,LDHs-HA₁,LDHs-HA₃ 和 LDHs-HAs-10% 的晶面间距如表 3-4 所列。可以发现,与 LDHs-NO₃ 相邻层板间距 0.78 nm 相比,黄腐殖酸存在条件下,LDHs 的层间距为 1.04 nm 和 0.72 nm,而在黑腐殖酸存在条件下层间距为 0.93 nm 和 0.76 nm,说明复合材料的层板均存在非等距离排列状态。这是由于腐殖酸不是单一的化合物,而是具有相似结构特征且分子量从几百到几百万范围的高分子物质,不同腐殖酸在 LDHs 层间的插层现象具有不均一性和多样性。

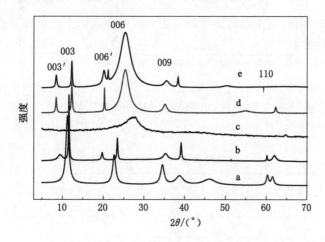

图 3-8 样品的 XRD 谱图

a——LDH-NO₃;b——LDHs-HA₁;c——LDHs-HA₂;

d——LDHs-HA₃;e——LDHs-HAs-20%

表 3-4　　　　　　　　　　　　不同 Zn/Mg/Al-HAs-LDHs 的层间距

晶面＼样品	LDHs-HAs		LDHs-HA₁		LDHs-HA₃		LDHs-NO₃	
	2θ/(°)	d/Å	2θ/(°)	d/Å	2θ/(°)	d/Å	2θ/(°)	d/Å
003′	8.46	10.443	8.46	10.443	9.50	9.302	—	—
003	12.26	7.211	12.28	7.202	11.58	7.635	11.31	7.824
006′	20.18	4.397	20.26	4.381	19.72	4.498	—	—
006	25.30	3.517	25.30	3.517	19.77	4.487	22.62	3.928
009	35.52	2.529	62.05	2.549	23.44	3.792	34.48	2.599

Zn/Mg/Al-HAs-LDHs 的 FTIR 分析结果见图 3-9 和表 3-5。在合成的所有样品中均具有 Zn/Mg/Al-NO₃-LDHs 的特征衍射峰。插层复合后 Zn/Mg/Al-NO₃-LDHs 位于 1 383 cm⁻¹ 处硝酸根的特征吸收峰强度明显减弱,证明了黄腐殖酸、总腐殖酸及黑腐殖酸与硝酸根离子的离子交换作用,其中黄腐殖酸的离子交换量最大。总腐殖酸、LDHs-HA_Ⅲ 与黑腐殖酸的谱峰相似,说明了在 LDHs 上不仅存在黑腐殖酸的插层,而且,黑腐殖酸在 LDHs 表面的物理吸附作用非常强烈。与黑腐殖酸谱图相比,插层后 Zn/Mg/Al-HAs-LDHs 的对应波数向低波数移动,是由羧基离子化且与 Zn/Mg/Al-NO₃-LDHs 层板发生静电作用所致。在 1 508 cm⁻¹ 处的吸收峰是由苯环的伸缩振动引起的。

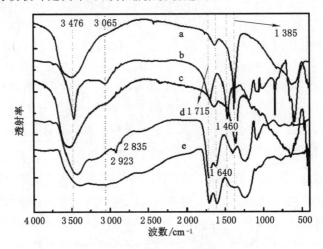

图 3-9　样品的 FTIR 谱图(2)

(a) LDHs-NO₃;(b) LDHs-CO₃;(c) LDHs-HA_Ⅰ;(d) LDH-HA_Ⅱ;(e) LDHs-HA_Ⅲ

表 3-5　　　　　　　　　　**LDHs 及其复合材料的 FTIR 谱峰及归属**

衍射峰/cm⁻¹	官能团归属
3 443	ν, M—OH
3 065	$H_2O \cdots CO_3^{2-}$
1 635	δ, H—OH
1 600	ν_{as}, COO—
1 460	CO_3^{2-}
1 400	ν_s, COO—
1 385	NO_3^-
829	O—M—O
661	O—M—O

采用 SEM 分析测定了 LDHs-NO₃ 及不同腐殖酸型 LDHs 的表面形貌,如图 3-10 所示。结果表明,LDHs-NO₃ 具有典型的六方晶体形貌,晶型较好,但是颗粒粒度较大。离子交换法所得总腐殖酸和 LDHs-黑腐殖酸复合物均具有毛状表面,这是黑腐殖酸表面修饰引起的。

图 3-10 LDH-NO₃ 及不同腐殖酸型 LDHs 的 SEM 谱图

(a) LDH-NO₃；(b) LDHs-HA Ⅰ；(c) LDH-HA Ⅱ；(d) LDHs-HA Ⅲ；(e) LDHs-HAs

LDHs-黄腐殖酸复合物表面粗糙度增加，黄腐殖酸对 LDHs 表面具有一定的侵蚀性。LDHs-棕腐殖酸复合物中发现有纳米厚度层板的存在，说明棕腐殖酸的引入，引起了 LDHs 层板的剥离。

（3）LDHs-腐殖酸复合物形貌调控机理

第 1 章中对不同腐殖酸级分进行了结构分析研究，研究表明，黄腐殖酸的分子量较小；芳环缩合度较低，以萘环为主；含氧官能团以羧基为主，其次为羟基，为酚多酸类物质，有利于实现整个黄腐殖酸分子插入 LDHs 层板。但由于其分子尺寸比 NO₃⁻ 大，因此，其离子交换过程替代受传质作用的影响，无法完全置换 NO₃⁻，实现黄腐殖酸的完全插层。

棕腐殖酸分子的结构特征是可溶于乙醇或丙酮不溶于水；芳环缩合程度较黄腐殖酸高，以菲或蒽环为主；含氧官能团以羟基为主，其次为羧基、醚键、乙氧基等；其分子量和尺寸比黄腐殖酸大，但分子构型仍接近于平面构型，且容易形成芳环共轭作用，部分小分子量棕腐殖酸分子可插入 LDHs 层板，扩大了 LDHs 层板的层间距，这样就有助于分子尺寸较大棕腐殖酸分子逐步插入 LDHs 层板。如果反应时间够长，能够引起 LDHs 层板的完全剥离，示意图如图 3-11 所示。

黑腐殖酸则相对分子质量较大；芳环缩合度较高；含氧官能团以酚羟基为主，有少量羧基官能团，有大量交联键，以及少量乙氧基官能团。因此，黑腐殖酸分子仅因周边的羧基可部分交换插层进入 LDHs，无法实现黑腐殖酸分子完全进入 LDHs 的层间，仅部分结构单元进入层间，出现了 LDHs 表面吸附与分子片段插层同时存在的结构特征。

3.2.3 强化方式对 Zn/Mg/Al-CO₃-LDHs 结构的影响

（1）超声辐照时间对 LDHs 晶粒的影响

图 3-12 为反应温度为 70 ℃，Zn/Mg/Al＝1.5∶1.5∶1，pH＝8.5，超声时间 t 分别为

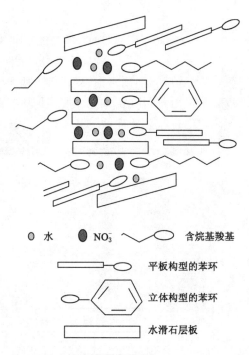

○ 水   ● NO_3^- ～～ 含烷基羧基

▭━○ 平板构型的苯环

○━⬡ 立体构型的苯环

▭ 水滑石层板

图 3-11　腐殖酸插层或者剥离 LDHs 机理示意图

20 min、50 min、60 min、70 min，微波处理 20 min，与传统共沉淀法样品的 XRD 图谱比较。

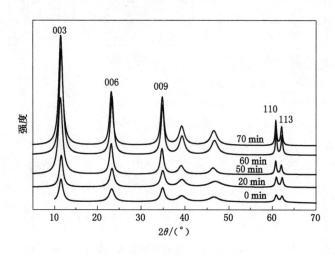

图 3-12　超声处理时间对 $Zn_{1.5}Mg_{1.5}Al_1$-CO_3-LDHs 的 XRD 谱图的影响

　　微波超声辅助共沉淀法制备的 LDHs 的特征衍射峰及由布拉格公式 $2d\sin\theta=\lambda$ 计算所得晶体参数见表 3-6。

　　由于特征峰的强度反映了晶体的晶型缺陷度大小，特征峰越强，晶体晶格缺陷越少。谱图表明，LDHs 的结晶度随着超声时间的增加而增大，而超声处理 50 min 即可使得 LDHs 达到较完整的晶体结构。(003)晶面衍射峰的宽度与 LDHs 晶体平均粒径相关，并随着粒径的增加而变宽。随着超声时间的增加，LDHs 的颗粒尺寸先增大后减小。

表 3-6 超声处理时间对 $Zn_{1.5}Mg_{1.5}Al_1$-CO_3-LDHs 的 XRD 数据的影响

时间 晶面	0 min		20 min		50 min		60 min		70 min	
	$2\theta/(°)$	d/nm	$2\theta/(°)$	d/nm	$2\theta/(°)$	d/nm	$2\theta/(°)$	d/nm	$2\theta/(°)$	d/nm
003	11.520	0.772	11.560	0.772	11.410	0.772	11.460	0.772	11.540	0.772
006	23.320	0.382	23.340	0.382	23.320	0.382	23.240	0.382	23.140	0.382
009	34.820	0.257	34.720	0.257	34.780	0.257	34.860	0.257	34.620	0.257
110	60.820	0.152	60.900	0.152	60.780	0.152	60.760	0.152	60.820	0.152
113	62.160	0.150	62.380	0.150	62.040	0.150	61.880	0.150	62.140	0.150

(2) 微波辐照时间对 LDHs 晶粒的影响

图 3-13 为反应温度为 70 ℃，Zn/Mg/Al＝1.5：1.5：1，pH＝8.5，微波辐照时间分别为 0 min、10 min、20 min、40 min 和 60 min，利用超声微波辅助共沉淀法制备的样品的 XRD 图谱比较。结构参数如表 3-7 所列。实验结果表明，微波辐照 20 min，LDHs 即可达到较好的结晶度，极大减少了 LDHs 的合成时间，提高了 LDHs 的合成效率。

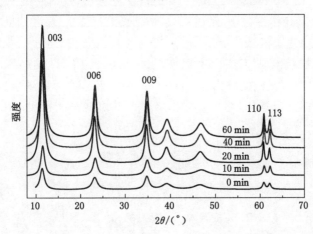

图 3-13 微波处理时间对 $Zn_{1.5}Mg_{1.5}Al_1$-CO_3-LDHs 的 XRD 谱图的影响

表 3-7 微波辐照时间对 $Zn_{1.5}Mg_{1.5}Al_1$-CO_3-LDHs 的 XRD 结构参数的影响

时间 晶面	0 min		20 min		50 min		60 min		70 min	
	$2\theta/(°)$	d/nm	$2\theta/(°)$	d/nm	$2\theta/(°)$	d/nm	$2\theta/(°)$	d/nm	$2\theta/(°)$	d/nm
003	11.410	0.772	11.560	0.772	11.400	0.772	11.560	0.772	11.560	0.772
006	23.320	0.382	23.200	0.382	23.280	0.382	23.340	0.382	23.340	0.382
009	34.820	0.257	34.700	0.257	34.620	0.257	34.780	0.257	34.780	0.257
110	60.820	0.152	60.820	0.152	60.720	0.152	60.840	0.152	60.840	0.152
113	62.160	0.150	62.050	0.150	61.980	0.150	61.880	0.150	62.040	0.150

图 3-14 为反应温度为 70 ℃，Zn/Mg/Al＝1.5：1.5：1，pH＝8.5，腐殖酸添加量为 1.0%，超声辐照 50 min，微波辐照 20 min，以及超声和微波分别辐照 50 min 和 20 min 条件下，共沉淀法制备出的 Zn/Mg/Al-LDHs 的 XRD 图谱比较。结果表明，超声微波耦合共沉

淀法合成的 LDHs 特征峰最尖锐,表明粒径最小,谱图基线较平。

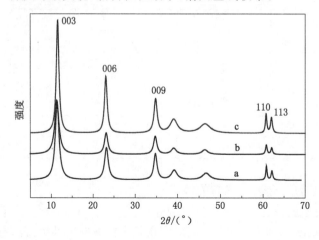

图 3-14 不同强化方式对 $Zn_{1.5}Mg_{1.5}Al_1$-CO_3-LDHs 的 XRD 谱图的影响

a——超声处理 60 min;b——微波处理 20 min;c——超声处理 60 min 后微波处理 20 min

图 3-15 分别是利用传统方法、水热法、超声辅助共沉淀法、微波辅助共沉淀法以及超声微波耦合辅助共沉淀法所得 $Zn_{1.5}Mg_{1.5}Al_1$-CO_3-LDHs 的 SEM 照片。结果表明,传统方法所得 LDHs 由纳米层板组成,且有团聚现象;水热法所得 LDHs 结晶度高,晶体粒径大,表面较规整;超声辅助共沉淀法制备出的 LDHs 的颗粒细小,有团聚现象;微波辅助共沉淀法制备出的 LDHs 的颗粒较均匀;超声微波耦合辅助共沉淀法制备出的 LDHs 的颗粒均匀,粒径明显减小。

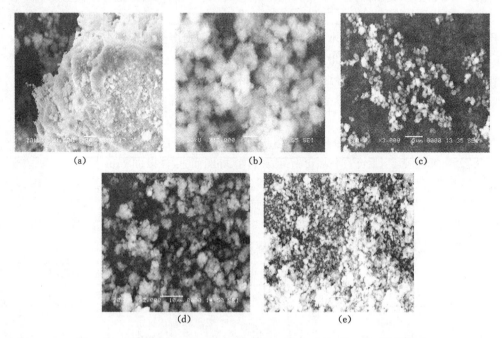

图 3-15 不同制备方法对 $Zn_{1.5}Mg_{1.5}Al_1$-CO_3-LDHs 的 SEM 图的影响

(a) 传统方法;(b) 水热法;(c) 超声辅助处理(a)过程;(d) 微波辅助处理(a)过程;(e) 超声微波耦合辅助共沉淀法

图 3-16 分别是利用传统方法、水热法、超声辅助共沉淀法、微波辅助共沉淀法以及超声微波耦合辅助共沉淀法所得 Zn/Mg/Al-LDHs 粒度分布图。

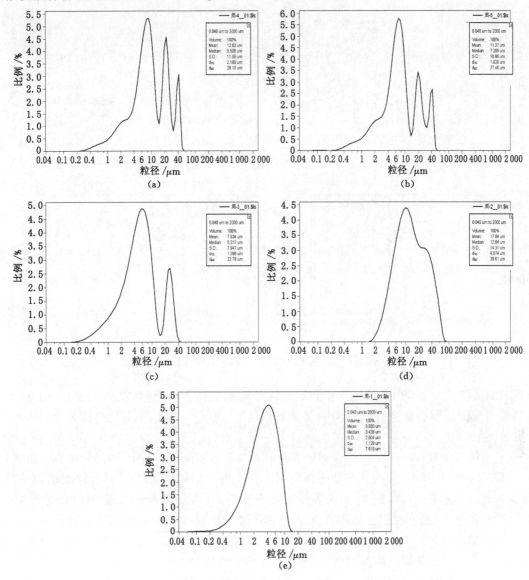

图 3-16 不同制备方法对 $Zn_{1.5}Mg_{1.5}Al_1$-CO_3-LDHs 粒度分布的影响

（a）传统方法；（b）水热法；（c）超声辅助处理（a）过程；（d）微波辅助处理（a）过程；（e）超声微波耦合辅助共沉淀法

结果表明，传统方法 LDHs 颗粒粒径较大，分布范围广；水热法 LDHs 的粒径分布有一定改善，但粒径仍偏大；利用超声辅助共沉淀法所得 LDHs 的粒径明显减小；利用微波辅助共沉淀法所得 LDHs 的粒径分布较均匀；超声微波耦合辅助共沉淀法制备的 LDHs 则颗粒平均尺寸最小。

3.2.4 影响 Zn/Mg/Al-LDHs 热性能的因素

（1）金属离子比例的影响

Zn/Mg/Al-CO_3-LDHs 的 TG 曲线如图 3-17 所示。

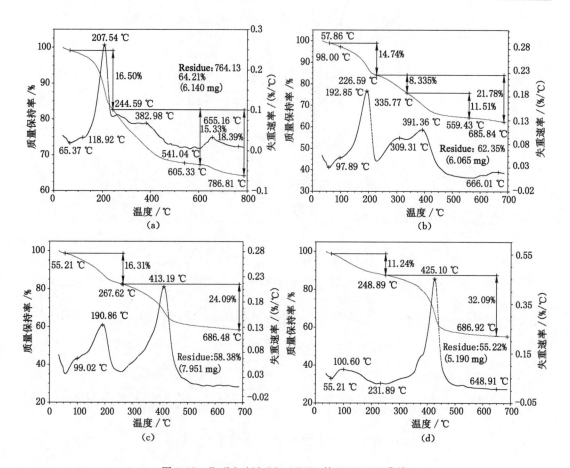

图 3-17 Zn/Mg/Al-CO$_3$-LDHs 的 TG-DTG 曲线

(a) LDHs-R_1；(b) LDHs-R_2；(c) LDHs-R_3；(d) LDHs-R_4

LDHs 的热分解过程一般包括表面吸附水与层间水的脱除、层板羟基及层间阴离子的脱除过程。结合图 3-17、图 3-18 及表 3-8 分析可知，不同金属离子比例 Zn/Mg/Al-CO$_3$-

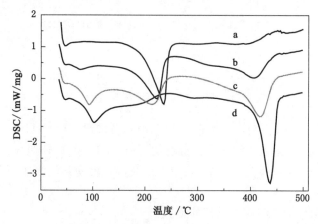

图 3-18 不同金属离子比例 Zn/Mg/Al-CO$_3$-LDHs 的 DSC 曲线

(a) LDHs-R_1；(b) LDHs-R_2；(c) LDHs-R_3；(d) LDHs-R_4

LDHs 的热分解过程包括表面吸附水与层间水的脱除、层板羟基及层间阴离子的脱除,其分别对应分解温度范围 Δ_1 和 Δ_2。表面吸附水与层间水的吸热脱除过程中,$Zn_1Mg_1Al_1$-LDHs 失重量最大,水分含量最大为 16.50%,脱水温度范围为 65.37～244.59 ℃,层间结合水的脱除对应的吸热峰强度最大;$Zn_1Mg_3Al_1$-LDHs 失重量次之,水分含量为 16.14%,但脱水吸热过程温度范围显著扩大至 55.21～262.99 ℃;$Zn_1Mg_2Al_1$-LDHs 及 $Zn_1Mg_4Al_1$-LDHs 中水分含量依次降低,且脱水吸热温度范围较 $Zn_1Mg_1Al_1$-LDHs 向低温移动。由表 3-8 可进一步发现,随着 Zn/Mg/Al-CO_3-LDHs 中 Mg 元素含量的增加,不同 LDHs 的热分解峰温逐渐降低,证明 Zn/Mg/Al-CO_3-LDHs 中的水分逐渐以吸附水为主,失重量也逐渐增加,但层间 CO_3^{2-} 的脱除峰温逐渐升高,且吸热峰强度逐渐增加,而—OH 的脱除峰温逐渐移向高温且强度降低。

表 3-8　　　　不同金属离子比例 Zn/Mg/Al-CO_3-LDHs 的 TG 和 DTG 分析结果

样品名称	LDHs-R_1	LDHs-R_2	LDHs-R_3	LDHs-R_4
表面吸附 H_2O 与层间 H_2O 脱除温度范围 Δ_1/℃	65.37～244.59	57.86～226.59	55.21～262.99	55.21～248.89
表面吸附 H_2O 与层间 H_2O 脱除峰温/℃	207.54	192.85	190.86	100.60
表面吸附 H_2O 与层间 H_2O 脱除失重量/%	16.50	14.74	16.14	11.24
层板—OH 及层间 CO_3^{2-} 脱除温度范围 Δ_2/℃	244.59～764.13	226.59～685.84	262.99～686.48	248.89～648.91
层板 CO_3^{2-} 脱除峰温/℃	382.98	391.36	413.19	425.10
层间—OH 脱除峰温/℃	655.16	666.01	—	—
层板—OH 及层间 CO_3^{2-} 脱除失重量/%	18.39	21.78	24.09	32.09
残渣量/%	64.21	62.35	58.38	55.22

由于镁原子半径小于锌原子,随着镁离子含量的增加,LDHs 层板电荷密度显著增大,为平衡层板电荷,需要提高层间阴离子即 CO_3^{2-} 的含量;随着相邻层板间距离的减小及 CO_3^{2-} 含量的升高,层间结合水的含量显著降低,宏观表现为水分含量的降低及吸附水为主的特征。

(2)腐殖酸的影响

HAs 和不同 Zn/Mg/Al-HAs-LDHs 的 DSC 曲线如图 3-19 所示。由图 3-19 可知,在程序升温分解过程中,Zn/Mg/Al-HAs-LDHs 的吸热峰强度随 HAs 含量的增加而降低。

(3)强化方式的影响

混合液 pH=8.5,反应温度 70 ℃,Mg/Al=3∶1 及 Zn/Mg/Al=1.5∶1.5∶1,超声和微波分别辐照 50 min、20 min 条件下,采用共沉淀法制备的 Mg_3Al-CO_3-LDHs 及 $Zn_{1.5}Mg_{1.5}Al$-CO_3-LDHs 的 DSC 分析结果如图 3-20 所示。

比较图 3-20(a)和(b)可以看出,Mg_3Al-CO_3-LDHs 和 $Zn_{1.5}Mg_{1.5}Al$-CO_3-LDHs 的热分解

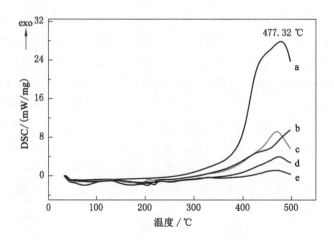

图 3-19　HAs 和不同 Zn/Mg/Al-HAs-LDHs 的 DSC 曲线

a——HAs；b——LDHs-HAs-20％；c——LDHs-HAs-10％；

d——LDHs-HAs-5％；e——LDHs-CO₃

过程不同：Mg_3Al-CO_3-LDHs 在 159.3～215 ℃范围内有一个较强的吸热峰，同时 159.3 ℃附近有一伴随的吸热峰，另一个相对较小的吸热峰在 276.8～306.0 ℃范围内。$Zn_{1.5}Mg_{1.5}Al-CO_3$-LDHs 在较低温度区间 77.6～233.9 ℃有一个中等强度的吸热峰，而在较高温度区间 239.2～356.7 ℃有两个相对较强吸收峰，分别为 305 ℃和 333 ℃。由此可知，锌镁铝 LDHs 比镁铝水滑石有相对较高的热稳定性，受热时分解吸热量大，温度范围宽。

3.2.5　稀土类水滑石的制备

本书采用微波共沉淀法，分别制备了不同含量的稀土掺杂的层状双氢氧化物。分别得到以下产物：

LDHs-1（La^{3+} ∶ Mg^{2+} ∶ Zn^{2+} ∶ Al^{3+} ＝0 ∶ 1.5 ∶ 1.5 ∶ 1）、LDHs-2（La^{3+} ∶ Mg^{2+} ∶ Zn^{2+} ∶ Al^{3+} ＝0.1 ∶ 1.5 ∶ 1.5 ∶ 0.9）、LDHs-3（La^{3+} ∶ Mg^{2+} ∶ Zn^{2+} ∶ Al^{3+} ＝0.3 ∶ 1.5 ∶ 1.5 ∶ 0.7）、LDHs-4（La^{3+} ∶ Mg^{2+} ∶ Zn^{2+} ∶ Al^{3+} ＝0.5 ∶ 1.5 ∶ 1.5 ∶ 0.5）、LDHs-5（La^{3+} ∶ Mg^{2+} ∶ Zn^{2+} ∶ Al^{3+} ＝0.7 ∶ 1.5 ∶ 1.5 ∶ 0.3）、LDHs-6（La^{3+} ∶ Mg^{2+} ∶ Zn^{2+} ∶ Al^{3+} ＝0.9 ∶ 1.5 ∶ 1.5 ∶ 0.1）。每种产品产量大约在 30～45 g 之间，根据实验需要，重复以上合成实验。

图 3-21 为不添加稀土离子所得的 Zn/Mg/Al-NO₃-LDHs（LDHs-1）的 XRD 谱图。

本书采用微波共沉淀法制备出的稀土层状双氢氧化物，将原有的 Zn^{2+}、Mg^{2+} 部分替换成 Al^{3+}、La^{3+}，所得 LDHs-1（Zn-Mg-Al-LDHs），其 XRD 衍射图谱为图 3-7。由图 3-7 可知，所得产品呈典型的 LDHs 结构，与文献报道的 Zn/Mg/Al-LDHs 的 XRD 谱图特征一致。衍射图谱衍射峰的基线低而平稳，峰形尖锐，且对称性好，说明成功制备出了晶相单一且结晶度高的层状双氢氧化物（Zn-Mg-Al-LDHs）。

图 3-22 给出了不同 La^{3+} 含量 LDHs 所得的衍射峰，分别对应的是 La^{3+} 含量为 0.01 mol（LDHs-2）、0.03 mol（LDHs-3）、0.05 mol（LDHs-4）、0.07 mol（LDHs-5）、0.09 mol（LDHs-6）。研究结果指出，峰的峰型和其衍射强度反映样品结晶度的大小。与标准的 Zn-Mg-Al-LDHs 的 XRD 相比，在 $2\theta＝11.5°$、$22.7°$、$34.5°$、$60.6°$ 附近处分别出现了具有层状双氢氧化物的（003）、（006）、（009）、（110）面的特征峰。这就表明，当标准 Zn-Mg-Al-

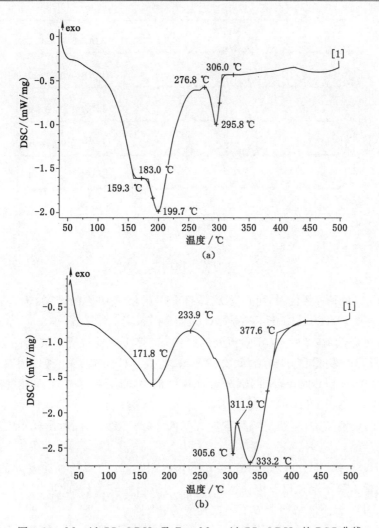

图 3-20 Mg₃Al-CO₃-LDHs 及 Zn₁.₅Mg₁.₅Al-CO₃-LDHs 的 DSC 曲线

（a）Mg₃Al-LDHs；（b）Zn₁.₅Mg₁.₅Al-CO₃-LDHs

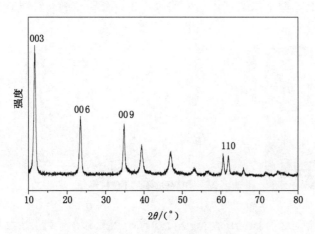

图 3-21 镧含量为零的 LDHs 的 XRD 图

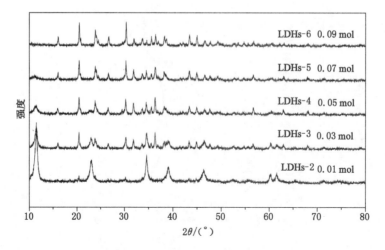

图 3-22　镧变量的 LDHs 的 XRD 图

LDHs 中的 Al^{3+} 被 La^{3+} 替代时，可以形成具有 LDHs 层状结构的产物，但是，从 LDHs-2、LDHs-3、LDHs-4、LDHs-5、LDHs-6 的 XRD 图谱可知，当 Al^{3+} 逐渐被 La^{3+} 取代时，各特征峰的峰值都有所降低，在 $2\theta=60.6°$ 附近处的 (110) 面特征峰显示所形成的晶体的结构对称性有所下降；当 La^{3+} 用量在 0.07 mol、0.09 mol 时，$2\theta=17.5°$ 附近出现较为明显的杂峰；而当 La^{3+} 用量为 0.09 mol 时，标准的部分特征峰已消失，部分峰值有了明显的降低，说明所形成的 La-Zn-Mg-Al-LDHs 的结构受 La^{3+} 加入的影响较大。产品 LDHs-6 已经不具备 LDHs 所具备的典型结构，其衍射峰强度大大降低，基线不平稳，同时出现了大量的杂峰，没能得到理想的产品。

导致 LDHs-2～LDHs-6 图谱与标准 Zn-Mg-Al-LDHs 的图谱存在差异的主要原因是由于所引入的稀土离子半径以及电荷密度与 Al 离子相差较大，因此可以得出结论，稀土离子的引入对 LDHs 的晶体结构造成了一定程度的破坏。

为了观察金属离子比对 LDHs 的结构与形貌的影响，以便进一步探讨 LDHs 的微观形貌特征对其性能的影响，从而从微观的角度研究 La-Zn-Mg-Al-LDHs 对煤阻化作用机制，采用电子显微镜观察不同金属离子比的 LDHs 在不同放大倍数下的微观形貌，SEM 照片见图 3-23～图 3-25。

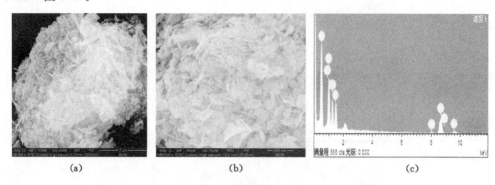

(a)　　　　　　　　　(b)　　　　　　　　　(c)

图 3-23　LDHs-1(Zn-Mg-Al-LDHs) 的 SEM 照片与 EDX 谱图
(a) 50 000 倍 SEM；(b) 100 000 倍 SEM；(c) EDX 谱图

从图 3-23 可以明显观察到水滑石(Zn-Mg-Al-LDHs)表面的纳米层状晶体结构,结晶度较高。从其 EDX 谱图中可以看出,其所含元素 O 所占比例最大,达到 66.44%,主要以 CO_3^{2-} 和层板间结合水存在于层间,水滑石的层板主要由 Zn^{2+}、Mg^{2+}、Al^{3+} 等阳离子构成,同时在能谱分析结果中体现了水滑石结构中存在制备过程所添加的 Zn、Mg、Al 等组成元素。

从不同 La^{3+} 含量的稀土层状双氢氧化物的 SEM 照片可以看出,LDHs 在 50 000、100 000 放大倍率下,La^{3+} 的加入对层状双氢氧化物的结构与形貌有了明显的影响,这与 XRD 矿物质分析结果一致。从图中可以看出,不同 La^{3+} 含量 LDHs 表面纳米层状晶体结构依然可以清楚地看到,呈球状团簇状,不同的是,可以看出,随着 La^{3+} 含量的增加,LDHs 表面纳米层状晶体结构逐渐变得细小、减少,且表面部分光滑平整。根据文献报道,LDHs 与不同变质程度的煤复合形成 CLCs 后,水滑石纳米晶状结构在煤表面附着生长,所添加的 LDHs 不同,其对应的 CLCs 的形貌特征不同。由此我们可以推出,在煤体表面附着生长的 LDHs 包裹着煤体,从而阻止了煤与氧气的接触;另一方面,随着 La^{3+} 含量的增加,LDHs 的表面趋于光滑平整,所以由此可以推测 La^{3+} 的加入对层状双氢氧化物的结构与形貌有明显的影响,从而影响了 LDHs 的阻化效果。

由图 3-23 和图 3-25 中 EDX 谱图进行元素定位与峰值分析,结果见表 3-9~表 3-11。

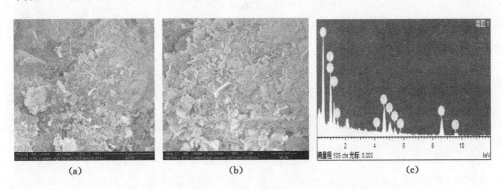

(a)　　　　　　　　　　(b)　　　　　　　　　　(c)

图 3-24　LDHs-2(La-Zn-Mg-Al-LDHs)的 SEM 照片与 EDX 谱图

(a) 50 000 倍 SEM;(b) 100 000 倍 SEM;(c) EDX 谱图

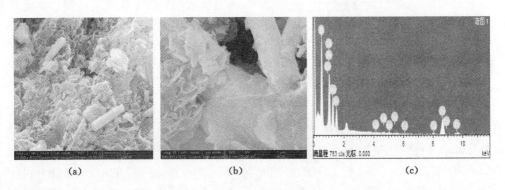

(a)　　　　　　　　　　(b)　　　　　　　　　　(c)

图 3-25　LDHs-5(La-Zn-Mg-Al-LDHs)的 SEM 照片与 EDX 谱图

(a) 50 000 倍 SEM;(b) 100 000 倍 SEM;(c) EDX 谱图

表 3-9　　　　　　　　　　　　　　　LDHs-1 的能谱分析

元素	质量百分比/%	原子百分比/%
O	44.14	66.44
Mg	12.53	12.42
Al	9.84	8.78
Cu	1.84	0.70
Zn	31.65	11.66

表 3-10　　　　　　　　　　　　　　　LDHs-2 的能谱分析

元素	质量百分比/%	原子百分比/%
O	44.48	67.28
Mg	13.57	13.51
Al	7.46	6.69
Cu	1.75	0.66
Zn	31.34	11.60
La	1.41	0.25

表 3-11　　　　　　　　　　　　　　　LDHs-5 的能谱分析

元素	质量百分比/%	原子百分比/%
O	35.56	68.04
Mg	9.36	11.79
Al	1.59	1.81
Zn	26.53	12.42
La	26.95	5.94

能谱分析结果表明,LDHs-1(Zn-Mg-Al-LDHs)所含元素 O 所占比例最大,达到 66.44%,主要以 CO_3^{2-} 和层板间结合水存在于层间,水滑石的层板主要由 Zn^{2+}、Mg^{2+}、Al^{3+} 等阳离子构成,同时在能谱分析结果中体现了水滑石结构中存在制备过程所添加的 Zn、Mg、Al 等组成元素。LDHs-2、LDHs-5 中体现了水滑石结构中存在制备过程所添加的稀土元素 La,并且随着 La^{3+} 含量的增加,元素 O 的含量升高,也就是说,稀土层状双氢氧化物的层板间结合水增多,LDHs 受热过程中发生多级分解过程会吸收更多的热量,从而更大限度地抑制煤自燃。

3.3　本章小结

(1) 采用共沉淀法制备了具有层状结构的晶相单一、结晶度较高的 $Zn/Mg/Al-CO_3-$ LDHs,Mg^{2+} 含量的增加使 LDHs 层板厚度及直径均明显减小,结晶程度降低。

(2) N_2 气氛保护下,用共沉淀制备出总腐殖酸(HAs)部分插层型 Zn/Mg/Al-HAs-LDHs,HAs 阴离子与 CO_3^{2-} 在 LDHs 层间共存,HAs 中的羧基(COO—)与 LDHs 中的羟基(—OH)之间存在相互作用。Zn/Mg/Al-HAs-LDHs 结晶度较低,呈现球状团簇状,且随着 HAs 离子浓度的增加,球状团簇的直径减小,产物表面出现 LDHs 的弯曲层板。

(3) 腐殖酸对 Zn/Mg/Al-HAs-LDHs 形貌的影响作用主要归因于腐殖酸对金属离子

的络合作用,络合作用使得腐殖酸在 LDHs 层板表面产生强烈的吸附作用,限制了层板的堆积生长,从而诱导层板沿着腐殖酸的弯曲界面生长而发生了形变。

(4) 黄腐殖酸和黑腐殖酸存在下,则因分子大小适度,可形成插层型 Zn/Mg/Al-LDHs。棕腐殖酸分子为平面构型,有丰富羧基官能团,使 LDHs 完全撑开破坏了其晶体结构,而黑腐殖酸分子尺寸较大主要吸附态存在于 LDHs 表面,仅部分结构单元可插入 LDHs 层间,不会破坏 LDHs 的晶体结构。

(5) 总腐殖酸和黑腐殖酸型 Zn/Mg/Al-LDHs 表面呈现绒毛状,黄腐殖酸型 Zn/Mg/Al-LDHs 表面晶体层片边沿粗糙,棕腐殖酸型 Zn/Mg/Al-LDHs 表面发现有纳米厚度卷曲结构层板,归因于棕腐殖酸引起的 LDHs 层板剥离。不同腐殖酸级分的结构对 Zn/Mg/Al-LDHs 形貌结构有一定调控作用,这主要与不同腐殖酸级分的分子尺寸大小、构型和官能团结构有关。

(6) 超声、微波辅助有利于提高共沉淀法合成的 LDHs 晶体颗粒的均匀性,并且使粒径减小、团聚降低,超声和微波共同作用可以取得更好的效果。

(7) Zn/Mg/Al-LDHs 的热稳定性与其中的金属元素的比例有关,镁离子增加,则热稳定性降低,热分解温度范围变宽。在 LDHs 中引入腐殖酸,则使其热分解吸热量相对于纯 LDHs 降低,Zn/Mg/Al-HAs-LDHs 具有较宽的热分解温度范围和较高的吸热量。

(8) 本书采用微波共沉淀法制取稀土层状双氢氧化物,经过混合、晶化、洗涤、干燥,其产品分别标记为 LDHs-1、LDHs-2、LDHs-3、LDHs-4、LDHs-5、LDHs-6。

(9) 由 XRD 衍射图谱可知,自制的 LDHs 的 XRD 与标准的 Zn-Mg-Al-LDHs 的 XRD 相比,在 $2\theta=11.5°、22.7°、34.5°、60.6°$ 附近处分别出现了具有层状双氢氧化物的(003)、(006)、(009)、(110)面的特征峰;结果表明,当标准 Zn-Mg-Al-LDHs 中的 Al^{3+} 被 La^{3+} 替代时,可以形成具有 LDHs 层状结构的产物。但是,当 Al^{3+} 逐渐被 La^{3+} 取代时,各特征峰的峰值都有所降低,当 La^{3+} 用量在 0.07 mol、0.09 mol 时,$2\theta=17.5°$ 附近出现较为明显的杂峰;而当 La^{3+} 用量为 0.09 mol 时,标准的部分特征峰已消失,部分峰值有了明显的降低,说明所形成的 La-Zn-Mg-Al-LDHs 的结构受 La^{3+} 加入的影响较大。产品 LDHs-6 已经不具备 LDHs 所具备的典型结构,其衍射峰强度大大降低,基线不平稳,同时出现了大量的杂峰,没能得到理想的产品。

(10) 从电镜扫描图片中明显观察到自制水滑石(Zn-Mg-Al-LDHs)表面的纳米层状晶体结构,结晶度较高,说明制备产品成功。从 EDX 谱图可以看出,其所含元素 O 所占比例最大,达到 66.44%,主要以 CO_3^{2-} 和层板间结合水存在于层间。随着 La^{3+} 含量的增加,LDHs 表面纳米层状晶体结构逐渐变得细小、减少,且表面部分光滑平整;所以由此可以推测 La^{3+} 的加入对层状双氢氧化物的结构与形貌有了明显的影响,从而影响了水滑石的阻化效果,并且随着 La^{3+} 的增加阻化效果增强。另一方面,随着 La^{3+} 的增加,LDHs 中元素 O 的含量升高,也就是说,稀土层状双氢氧化物的层板间结合水增多,LDHs 受热过程中发生多级分解过程会吸收更多的热量,从另一方面更大限度地抑制煤自燃。

参 考 文 献

[1] 周良芹,付大友,袁东.LDHs 的研究进展[J].四川理工学院学报(自然科学版),2013,26(5):1-10.

[2] ZHANG W H,GUO X D,HE J. Preparation of Ni(Ⅱ)/Ti(Ⅳ) layered double hydroxide at high supersaturation[J]. Journal of the European Ceramic Society,2008,28(8): 1623-1629.

[3] BAI Z M,WANG Z Y,ZHANG T G,et al. Characterization and friction performances of Co-Al-Layered double metal hydroxides synthesized in the presence of dodecyl-sulfate[J]. Applied Clay Science,2013,76(5):22-27.

[4] CARJA G,BIRSANU M,OKADA K,et al. Composite plasmonic gold/layered double hydroxides and derived mixed oxides as novel photocatalysts for hydrogen generation under solar irradiation[J]. Journal of Materials Chemistry A,2013,32(1):9092-9098.

[5] BIRSANU M,PUSCASU M,GHERASIM C,et al. Highly efficient room temperature degradation of two industrial dyes using hydrotalcite-like anionic clays and their derived mixed oxides as photocatalysts[J]. Environmental Engineering and Management Journal,2013,5(12):1535-1540.

[6] 张立红. 高分散铜基复合氧化物的均匀性制备及其结构与催化性能[D]. 北京:北京化工大学,2006.

[7] STANIMIROVA T S,KIROV G,DINOLOVA E. Mechanism of hydrotalcite regeneration[J]. Journal of Material Science Letter,2001,20(5):453-455.

[8] HUSSEIN M Z,GHOTBI M Y,YAHAYA A H,et al. Synthesis and characterization of (zinc-layered-gallate) nanohybrid using structural memory effect[J]. Materials Chemistry and Physics,2009,113(1):491-496.

[9] CREPALDI E L,TRONTO J,CARDOSO L P,et al. Sorption of terephthalate anions by calcined and uncalcined hydrotalcite like compounds[J]. Colloids and Surfaces A: Physicochemival Engineering Aspects,2002,211(2-3):103-113.

[10] 王巧巧,倪哲明,张峰,等. 镁铝二元水滑石的焙烧产物对染料废水酸性红 88 的吸附[J]. 无机化学学报,2009,25(12):2156-2162.

[11] 黄宝晟. 纳米双羟基复合金属氧化物的制备及其在 PVC 中的应用性能研究[D]. 北京:北京化工大学,2001.

[12] SHI L,LI D Q,LI S F,et al. Structure,flame retarding and smoke suppressing properties of Zn-Mg-Al-CO$_3$ layered double hydroxides[J]. Chinese Science Bulletin,2005, 50(11):1101-1104.

[13] 史翎,李殿卿,李素锋,等. Zn-Mg-Al-CO$_3$ LDHs 的结构及其抑烟和阻燃性能[J]. 科学通报,2005,50(4):327-330.

[14] 郑晨. 层状双金属氢氧化物制备及形貌控制研究[D]. 北京:北京化工大学,2008.

[15] SANTOSA S J,KUNARTI E S,KARMANTO. Synthesis and utilization of Mg/Al hydrotalcite for removing dissolved humic acid[J]. Applied Surface Science,2008,254 (23):7612-7617.

4 LDHs 的煤自燃阻化性能及机理

煤自燃过程是由煤体内在自燃性和外界条件共同决定的,是一个非常复杂的动态过程。上百年来,国内外有关学者一直想把煤体的内在自燃属性较准确地测定出来,以便指导煤层自燃火灾的防治,为此进行了许多研究,并根据研究成果得到了相关的结论。

煤的氧化性与煤的放热性有关,但又无法用氧化性衡量出煤的放热性,同样也无法用煤的放热性衡量出煤的氧化性。目前的研究工作虽大体掌握能与氧产生复合作用的煤表面分子活性结构种类,但要了解每类结构所占多大比例是比较困难的;虽能推断每一类结构与氧复合过程的热效应,但针对具体的煤质,同样很难了解每一类结构与氧复合的具体过程,以及哪一类结构的反应过程占多大比例。因此,煤的内在自燃性需以煤的氧化性和放热性共同衡量。

在煤与氧发生复杂物理化学反应的同时还伴随着气体的生成,随着煤温的升高,其产生量将发生显著变化,可以利用这些气体产生量及其变化率与煤温的关系来判断自然发火的程度。因此,本章从煤自燃的内因方面着手,来研究煤自燃机理的共性。本章实验的目的就是研究煤炭低温氧化的前期过程,考察煤在不同温度下与 O_2 反应的过程中,煤的活化能、临界点、O_2 消耗量、CO 产生量以及其他气体的变化规律,以研究自制稀土层状双氢氧化物的阻化性能。

为了研究自制阻化剂 LDHs 的抑制煤自燃特性,本章通过煤自燃程序升温实验对色连煤样以及添加阻化剂前后,特征气体浓度以及氧化放热强度等参数,对比分析 LDHs 的抑制煤自燃特性;通过热重实验分析 SLC-LDHs 复配材料特征温度点的变化,从而进一步探索自制 LDHs 的阻化机理。

4.1 实 验 部 分

4.1.1 程序升温实验

程序升温实验的原理就在于:通过模拟煤炭低温氧化自燃过程的升温条件和环境,在该模拟出的实验过程中测定煤样随环境程序温升过程中一氧化碳、二氧化碳、甲烷等生成气体的浓度及产生率等特征参数的量值及变化等,同时根据实验结果分析煤样的临界温度、干裂温度等极限参数以及其他物化参数,从而全面考察该煤样的自燃特性。该实验的优势就在于:它可以极大地缩短实验周期(一般一个试样的实验周期为 1 d,约为煤自然发火实验周期的 1%以下),同时可以大大减少实验用样量(每次实验需要煤样 1 kg 左右,约为煤自然发火实验用样量的 0.5%)。另外该实验还具有可重复性强的特点,所以本书采用程序升温实验系统展开关于阻化剂抑制煤炭氧化自燃性。

煤体自燃过程是由煤本身自燃特性和外部条件共同决定的复杂的动态过程,要测定煤自燃过程中各参数的变化,最客观的方式就是采用大型煤自然发火实验模拟煤在原始条件下自然环境,观察其在不同外界条件下的氧化过程。然而,这种实验方式周期长,一般需要数月,有难燃煤样的实验周期甚至达一年以上;同时,该实验用煤量大,每次需要煤样 1 t 以上,运行成本较高。本书的研究需要数次改变实验的通气条件(尤其是在改变二氧化碳抑制煤氧化自燃过程中需要不断改变混合气中二氧化碳浓度)并重复考察某些参数的变化规律,所以采用这种实验方式显然是不现实的,这时就有必要采用程序升温实验系统。程序升温实验的原理就在于:通过模拟煤炭低温氧化自燃过程的升温条件和环境,在该模拟出的实验过程中测定煤样随环境程序温升过程中一氧化碳、二氧化碳、甲烷等生成气体的浓度及产生率等特征参数的量值及变化等,同时根据实验结果分析煤样的临界温度、干裂温度等极限参数以及其他物化参数,从而全面考察该煤样的自燃特性。

程序升温实验的优势就在于:它可以极大地缩短实验周期(一般一个试样的实验周期为 1 d,约为煤自然发火实验周期的 1% 以下),同时可以大大减少实验用样量(每次实验需要煤样 1 kg 左右,约为煤自然发火实验用样量的 0.5%);另外该实验还具有可重复性强的特点。所以本书采用程序升温实验系统展开关于稀土层状双氢氧化物抑制煤炭氧化自燃性能的相关研究。

程序升温实验装置如图 4-1 所示,在一个直径 10 cm、长 22 cm 的钢管中,装入煤量 1 kg,为使通气均匀,上下两端分别留有 2 cm 左右自由空间(采用 100 目铜丝网托住煤样),然后置于利用可控硅控制温度的程序升温箱内加热,并送入预热空气,采集不同煤温时产生的气体。当温度达到要求后,停止加热,打开炉门,对装置进行自然对流降温。最后,对不同煤温时采集的气体进行气体成分分析及含量测定。

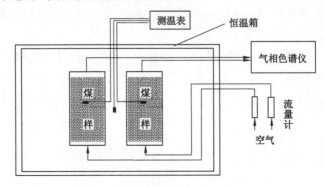

图 4-1　程序加热升温实验流程图

整个实验测定系统分为气路、控温箱和气样采集分析三个部分。

(1)气路部分

气体由图 4-2 所示的 SPB-3 全自动空气泵提供,通过三通流量控制阀,浮子流量计进入控温箱内预热,然后流入试管通过煤样,从排气管经过干燥管,直接进入气相色谱仪进行气样分析。

(2)试管及控温部分

为了能反映出煤样的动态连续耗氧过程和气体成分变化,按照与大煤样试验相似的条件,推算出试验管面积为 70.88 cm² 时,最小供风量为:

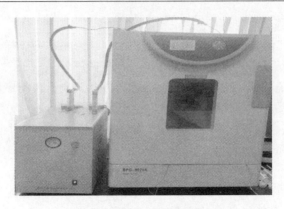

图 4-2　SPB-3 全自动空气泵

$$Q_小 = Q_大 \times S_小/S_大 = 41.8 \sim 83.6 (\text{mL/min}) \tag{4-1}$$

式中　$Q_小$，$S_小$——试管的供风量（ml/min）与断面积（cm²）；

　　　$Q_小/S_小$——试管的供风强度，cm³/(min·cm²)；

　　　$Q_大$，$S_大$——大试验台的供风量（0.1～0.2 m³/h）与断面积（0.282 6 m²）；

　　　$Q_大/S_大$——大实验台的供风强度，cm³/(min·cm²)。

一般，煤样常温时最大耗氧速度小于 2×10^{-10} mol/(s·cm³)，确定试管装煤长度为 22 cm，气相色谱仪的分辨率为 0.5%（即最大氧浓度为 20.89），为使试管入口和出口之间的氧浓度之差能在矿用气相色谱仪分辨范围内，最大供风量为：

$$Q_{\max} = \frac{V_0(T) \cdot S_小 \cdot L \cdot f}{c_0 \ln\left(\dfrac{c_0}{c}\right)} = \frac{2 \times 10^{-10} \times 70.88 \times 22 \times 0.5}{\dfrac{0.21}{22.4 \times 10^3} \times \ln\left(\dfrac{21}{20.89}\right)} \times 60 = 190.0 (\text{mL/min})$$

因此，实验供风量范围在 41.8～190.0 mL/min 之间。当流量为 41.8～190.0 mL/min 时，气流与煤样的接触时间为：

$$t = L \cdot f \cdot S_小/Q = 4.1 \sim 18.65 \ (\text{min}) \tag{4-2}$$

式中　L——煤样在试管内的高度，cm；

　　　f——空隙率，%；

　　　$S_小$——试管断面积，cm²；

　　　Q——供风量，cm³/min。

为了使进气温度与煤样温度基本相同，在程序升温箱内盘旋 2 m 铜管，气流先通过盘旋管预热后再进入煤样。

程序升温箱采用可控硅控制调节器自动控制，其炉膛空间为 50 cm×40 cm×30 cm。在实验过程中发现试管内松散煤样的导热性很差，在实验前期（100 ℃以下），炉膛升温速度快而试管内煤样升温速度很慢；实验测定时，探头显示的温度基本上是煤样最低温度，煤样升温滞后于程序升温箱内温度；在实验后期（100 ℃以上），煤氧化放热速度加快，煤样内温度超过程序升温箱温度，探头显示的温度基本上是煤样的最高温度。

（3）气体采集及分析部分

试管内煤样采用压入式供风，试管煤样中的气体排入空气中，采集气体由针管取气，用气相色谱仪进行气体成分分析，排气管路长 1 m，管径 2 mm。

程序升温实验步骤(图 4-3)如下:

(1) 填装试样。使用电子秤称取待测煤样约 1 000 g(根据各煤样密度等不同调整装试样量),装入试管。测试试管气密性至良好。

(2) 检查实验设备,根据实验需要,通过温度控制表进行升温程序设置。

(3) 根据实验需要,在不同温度阶段时,在出气管端取气(同一温度点取两管气体,其中一管为备用气体,以防色谱仪故障等原因将首管气体分析错误),同时记录取气时间,并使用万用表测定 Pt100 电阻值,通过公式:

$$T=(R-100)/0.39 \tag{4-3}$$

计算测点时煤体温度 T(式中 R 代表 Pt100 电阻值),同时记录水银温度计以及系统自带温度探头测定温度值,以便比较升温过程中各处温度相互关系。

(4) 每次将取得气体送入 SP-3430 高精度气相色谱仪进行分析,对图谱进行处理后,记录实验数据,同时将实验过程中观察到的所有现象进行记录。

(5) 将数据输入计算机进行存档,并进行相关的图表绘制,从中对其所体现的规律进行分析。

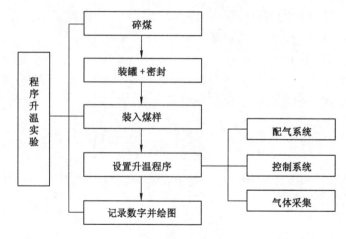

图 4-3　程序升温实验流程图

各实验均采用色连矿长焰煤混合粒径试样,根据实验试管容积及煤样密度,每次实验试样称重约 1 000 g(各粒径分别为 200 g)。总共 21 个煤样,其中 1# 煤样为原始煤样,没有添加任何阻化剂,2# ~21# 分别添加不同种类、不同浓度的阻化剂煤样,如表 4-1 所列。

表 4-1　　　　　　　　　　程序升温箱煤样加热升温实验条件

煤样编号	粒度/mm	试管煤高/cm	煤重/g	煤体积/cm³	容重/(g/cm³)	空隙率/%
1#	混合粒径	19.80	1 000	689.66	0.64	0.54
2#	混合粒径	20.00	1 000	689.66	0.64	0.55
3#	混合粒径	19.50	1 000	689.66	0.65	0.53
4#	混合粒径	20.00	1 000	689.66	0.64	0.55
5#	混合粒径	20.00	1 000	689.66	0.64	0.55
6#	混合粒径	20.00	1 000	689.66	0.64	0.55

煤样编号	粒度/mm	试管煤高/cm	煤重/g	煤体积/cm³	容重/(g/cm³)	空隙率/%
7#	混合粒径	20.50	1 000	689.66	0.62	0.56
8#	混合粒径	20.50	1 000	689.66	0.62	0.56
9#	混合粒径	20.00	1 000	689.66	0.64	0.55
10#	混合粒径	20.00	1 000	689.66	0.64	0.55
11#	混合粒径	20.00	1 000	689.66	0.64	0.55
12#	混合粒径	20.00	1 000	689.66	0.64	0.55
13#	混合粒径	19.50	1 000	689.66	0.65	0.53
14#	混合粒径	20.00	1 000	689.66	0.64	0.55
15#	混合粒径	20.00	1 000	689.66	0.64	0.55
16#	混合粒径	20.00	1 000	689.66	0.64	0.55
17#	混合粒径	20.50	1 000	689.66	0.62	0.56
18#	混合粒径	20.20	1 000	689.66	0.63	0.55
19#	混合粒径	19.50	1 000	689.66	0.65	0.53
20#	混合粒径	20.00	1 000	689.66	0.64	0.55
21#	混合粒径	20.00	1 000	689.66	0.64	0.55

实验试样根据加入的不同阻化剂及相同阻化剂不同浓度进行编号,同时考虑到温度是会对原始煤样氧化过程产生较大影响的一个量,所以为保证每次实验的程序升温速度相同,使得实验在相同的升温条件下进行,进而使实验结果可比性增强,本环节实验程序升温条件控制在与煤自燃特性测实验相同的水平上,控制升温速度为 0.3 ℃/min,保证升温均匀、缓慢。实验试样配置及升温条件见表 4-2。

表 4-2   LDHs 抑制煤氧化自燃实验气体配置及升温条件

煤样	阻化剂	浓度/%	升温速度/(℃/min)
1#	原样(未添加阻化剂)	0	0.3
2#	LDHs-1	3	0.3
3#	LDHs-1	5	0.3
4#	LDHs-1	10	0.3
5#	LDHs-1	15	0.3
6#	LDHs-2	3	0.3
7#	LDHs-2	5	0.3
8#	LDHs-2	10	0.3
9#	LDHs 2	15	0.3
10#	LDHs-3	3	0.3
11#	LDHs-3	5	0.3
12#	LDHs-3	10	0.3

煤样	阻化剂	浓度/%	升温速度/(℃/min)
13#	LDHs-3	15	0.3
14#	LDHs-4	3	0.3
15#	LDHs-4	5	0.3
16#	LDHs-4	10	0.3
17#	LDHs-4	15	0.3
18#	LDHs-5	3	0.3
19#	LDHs-5	5	0.3
20#	LDHs-5	10	0.3
21#	LDHs-5	15	0.3

4.1.2　热重分析实验

热重分析(TG、DTG)的基本原理:热重法(TG)是在程序控制温度下,测量物质质量与温度关系的一种技术。许多物质在加热过程中常伴随质量的变化,这种变化过程有助于研究晶体性质的变化,如熔化、蒸发、升华和吸附等物质的物理现象;也有助于研究物质的脱水、解离、氧化、还原等物质的化学现象。热重分析通常可分为两类:非等温(动态)热重法和等温热重(静态)法。两种方法的精度相近。但非等温法是从几乎不进行反应的温度开始升温,样品在各温度下的质量连续地被记录下来。等温法则在试样达到等温条件之前的升温过程中往往已发生了不可忽视的反应,它必将影响测量结果。况且等温法要作不同温度下等温质量变化曲线,每次都要花费较长时间。相对来说,非等温法则要迅速得多。故本实验采用了非等温热重法。

热重分析仪主要适于研究物质的相变、分解、化合、脱水、吸附、解吸、熔化、凝固、升华、蒸发等现象及对物质做鉴别分析、组分分析、热参数测定和动力学参数测定等。已在无机物、有机物及聚合物的热分解;矿物的煅烧和冶炼;煤、石油和木材的热解过程;液体的蒸馏和气化;爆炸材料的研究;发展新化合物;吸附和解析;表面积的测定;氧化稳定性和还原稳定性的研究;反应机制的研究等诸多方面得到广泛的应用。

实验采用德国耐驰公司的 TG209 热重分析仪。采集色连矿长焰煤作为实验样本,研磨成粒为 0.098 mm 的煤样进行测试。每次取 1 g 煤样,分别与不同比例(3%、5%、10%、15%)的稀土层状双氢氧化物 LDHs-1、LDHs-2 、LDHs-3、LDHs-4、LDHs-5 进行混合,然后将混合样品在玛瑙研钵中充分研磨,使其混合均匀,放入硅胶干燥箱中保存。

对于每一种试样,每次取 10 mg 放入样本室中进行测试,实验起始温度为 20 ℃,终止温度为 800 ℃。在升温速率为 10 ℃/min,供氧浓度(体积比)为 21% 条件下对煤样特性进行测试。

4.2　结果与讨论

研究阻化剂对煤炭氧化自燃抑制作用的前提就是清楚地掌握这种煤样在纯空气条件下程序升温过程中的反应情况,掌握这一阶段氧气的消耗规律和其他反应生成气体的变化规律,以及在这一过程中能量的变化情况,并以此作为参照和标准与阻化剂抑制煤炭氧化自燃实验过程中的相关参数进行对比、分析,其次可以综合考察阻化剂抑制煤氧化自燃过程的性能。

4.2.1 煤自燃特性实验研究

根据本实验原理和步骤,对 $1^{\#}$ 煤样进行自燃程序升温测试,得到实验原始数据见附表1。

(1) 氧气浓度

煤氧化程度加剧直至自燃的逐步发展过程就是煤与氧气作用越来越强烈的进程,随着温度升高,煤氧复合加剧,氧气消耗加剧,氧浓度不断降低并呈现出一定的规律。$1^{\#}$ 试样程序升温过程中氧气浓度变化曲线如图 4-4 所示。

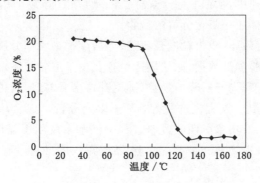

图 4-4 $1^{\#}$ 煤样 O_2 浓度随温度变化曲线

由 $1^{\#}$ 煤样(纯煤样)程序升温过程中 O_2 浓度变化曲线可以看出,$60\sim75\ ℃$ 温度区间内出现了比较明显的下降,而在 $80\sim95\ ℃$ 温度区间范围内下降趋势变得越发明显。可以说明,在 $60\sim75\ ℃$ 内氧化反应程度出现了第一次较大的加剧,而在 $80\sim95\ ℃$ 之间这种反应程度变得更加剧烈,由此可以预测色连矿煤样临界温度为 $60\sim75\ ℃$,而其干裂温度在 $80\sim95\ ℃$ 范围内。

(2) CO 浓度、CH_4 浓度

随着程序升温实验的进行,环境温度不断升高,煤体温度也随之升高,在此条件下,煤体氧化反应越发剧烈,同时,释放出的生成物气体随即增加,并呈现出一定的增长规律。

根据实验实测得到的一氧化碳浓度数值,绘制一氧化碳浓度随煤体温度变化曲线。$1^{\#}$ 试样程序升温过程中一氧化碳浓度变化曲线如图 4-5 所示。

为了使进气温度与煤样温度基本相同,在程序升温箱内盘旋 2 m 铜管,气流先通过盘旋管预热后再进入煤样。

由图可以看出,色连矿煤样在 $60\sim70\ ℃$ 温度区间内开始出现比较明显的上升,而在 $85\sim100\ ℃$ 温度区间范围内,这一上升趋势开始变得特别明显(曲线斜率激增),可以判断在 $60\sim70\ ℃$ 区间内氧化反应首次加剧,而在 $80\sim100\ ℃$ 之间反应变得越来越剧烈。可以预测东山煤样临界温度和干裂温度分别为 $60\sim70\ ℃$ 和 $85\sim100\ ℃$。

研究表明,煤体对甲烷有较强的吸附能力,甲烷部分以游离状态吸附于裂隙与微孔中,部分吸着于煤的大分子内部。在开采过程中大部分游离瓦斯被释放,但被煤体的吸附瓦斯在正常条件下不易释放,只有当煤体温度升高时,被吸着和吸附瓦斯动能增加,活性增强,才

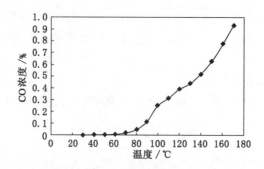

图 4-5　1# 煤样 CO 浓度随温度变化曲线

使得吸附瓦斯加快脱附速度,从而脱附于煤体。因此,一般情况下较难分辨煤氧化过程中产生的甲烷气体是吸附气体还是氧化分解的产物。

但是,实验煤样经过破碎,成为粒度较小的颗粒,煤样中大部分微孔隙被扰动,吸附的气体量已很少,同时,据实验测试数据,原始煤体中存在少量甲烷气体,而在实验过程前期的低温阶段,甲烷气体浓度呈现先升后降的趋势,随温升再次升高,所以可以认为,低温阶段的升温过程使得甲烷气体得到一定程度的脱附。基于以上分析,可认为原始煤体中吸附的甲烷气体在开采、实验破碎以及实验早期的升温过程中已基本脱附于煤体。故在分析甲烷气体时,可以主要从高温阶段得到其相关规律。1# 煤样在程序升温过程中 CH₄ 浓度变化曲线如图 4-6 所示。

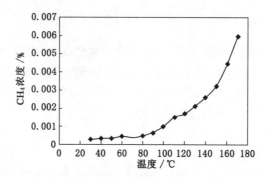

图 4-6　1# 煤样 CH₄ 浓度随温度变化曲线

通过图 4-6 可以看出,CH₄ 浓度的首次升高出现在 70～80 ℃,特别是其出现激增的温度区间在 90～100 ℃。可以确定,CH₄ 是煤热解释放气体,主要与温度有关,所以判断在 90～100 ℃左右煤氧反应加剧,温度升高较快,并由此可以推测色连矿煤样临界温度为 60～80 ℃,而其干裂温度在 90～100 ℃范围之内。

(3) 耗氧速率

混煤内各点氧气浓度的变化主要与对流(空气流动)、扩散(分子扩散和紊流扩散)和煤氧作用耗氧等因素有关。因此,混合煤样内氧气浓度分布的对流-扩散方程为:

$$\frac{\partial C}{\partial \tau} = \text{div}[D \cdot \text{grad } C] - \text{div}(uC) + V(T) \qquad (4\text{-}4)$$

式中　D——氧气在碎煤中的扩散系数;

u——风流在空隙中平均流速，$u = \dfrac{Q}{S \cdot n}$；

$V(T)$——单位实体煤的耗氧速度，$mol/(cm^3 \cdot s)$。

在本实验条件下，由于漏风强度较小，且主要沿中心轴方向流动。因此，可仅考虑煤体内轴线方向上氧浓度分布方程：

$$\frac{\partial C}{\partial \tau} = \frac{\partial}{\partial Z}\left[D \cdot \left(\frac{\partial C}{\partial Z}\right)\right] - \frac{\partial(uC)}{\partial Z} + V(T) \tag{4-5}$$

所以耗氧速度为：

$$V(T) = \frac{\partial C}{\partial \tau} + \frac{\partial(uC)}{\partial Z} - \frac{\partial}{\partial Z}\left(D \cdot \frac{\partial C}{\partial Z}\right) \tag{4-6}$$

为了使进气温度与煤样温度基本相同，在程序升温箱内盘旋 2 m 铜管，气流先通过盘旋管预热后再进入煤样。

根据实验炉内各测点的氧浓度和漏风强度，假设风流仅在垂直方向流动且流速恒定，忽略氧在混煤中的扩散和氧浓度随时间的变化率，在微小单元内煤温均匀，则耗氧速度为：

$$V(T) = u \cdot \frac{dC}{dZ} \tag{4-7}$$

式中　dz——气体流经微元体的距离，cm。

由化学动力学和化学平衡知识可知：

$$V(T) = KC \tag{4-8}$$

式中　C——氧气浓度；

　　　K——化学反应常数。

由于耗氧速度与氧气浓度成正比，因此在新鲜空气中耗氧速度为：

$$V_0(T) = \frac{C_0}{C} \cdot V(T) \tag{4-9}$$

则中心轴处任意两点（Z_1 和 Z_2）间的耗氧量：

$$dC = -V_0(T) \times \frac{C_{O_2}}{C_{O_2}^0} \times \frac{S \cdot n}{Q}dz \tag{4-10}$$

两边积分，当温度一定时，$V_{O_2}^0(T)$ 与 C_0 是常数，则：

$$V_0(T) = \frac{Q \cdot C_0}{S \cdot n \cdot (Z_{i+1} - Z_i)} \cdot \ln\frac{C_i}{C_{i+1}} \tag{4-11}$$

式中　Q——供风量；

　　　S——炉体供风面积。

根据上式及实验数据计算出，在新鲜空气下各煤样在不同温度下的耗氧速率见附表1，煤样耗氧度与煤温关系曲线如图 4-7 所示。

由图 4-7 可看到，反应的耗氧速率随煤温升高不断增大，证明了温度作为影响煤自燃过程的重要因素，极大地影响着煤氧复合过程的理论。从耗氧速率曲线的拐点可以看到，60～80 ℃时煤样耗氧速率出现明显升高；从 90 ℃以后，耗氧速率出现激增，说明氧化反应在这两阶段发生突变和骤增。所以从耗氧速率角度分析得色连矿煤样临界温度、干裂温度分别为 60～80 ℃和 90～100 ℃。

（4）CO 产生率

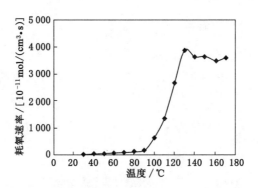

图 4-7　色连矿煤样耗氧速率随温度变化曲线

在氧化自燃过程中,煤与氧发生化学反应,消耗氧气,同时产生 CO 气体,在实验试管中,由于煤体消耗氧,氧气浓度沿着风流方向不断减少,而 CO 浓度不断增加,试管中某一点处煤的 CO 产生率与耗氧速度成正比,即:

$$\frac{V_{CO}(T)}{V_{CO}^0(T)} = \frac{V_0(T)}{V(T)} = \frac{C}{C_0} \tag{4-12}$$

式中　$V_{CO}(T)$——CO 产生速率,$mol/(cm^3 \cdot s)$;

　　　$V_{CO}^0(T)$——标准氧浓度(21%)时的 CO 产生速率,$mol/(cm^3 \cdot s)$;

由式(4-9)可推得炉体内任意点的氧浓度为:

$$C = C_i \cdot e^{-\frac{V_{O_2}^0(T) \cdot S \cdot n}{Q \cdot C_0}(z - z_i)} \tag{4-13}$$

其中,C_i 和 z_i 分别为某一已知点的氧浓度和该点到入口的距离。

$$dC_{CO} = V_{CO}(T)d\tau, d\tau = \frac{dz}{u}, u = \frac{Q}{S \cdot n} \tag{4-14}$$

设高温点氧浓度为 C_1,到入口的距离为 z_1;其后一点的氧浓度为 C_2,到入口的距离为 z_2。将上式代入式(4-13)并积分,得

$$
\begin{aligned}
C_{CO}^2 - C_{CO}^1 &= \int_{z_1}^{z_2} \frac{V_{CO}(T)}{u} dz \\
&= \int_{z_1}^{z_2} \frac{S}{Q} \cdot \frac{C \cdot V_{CO}^0(T)}{C_0} \cdot n \cdot dz \\
&= \frac{S \cdot n \cdot V_{CO}^0(T)}{Q \cdot C_0} \int_{z_1}^{z_2} C_1 \cdot e^{-\frac{V_0(T) \cdot S \cdot n}{QC_0}(z - z_1)} dz
\end{aligned}
$$

由上式得标准氧浓度时的 CO 产生率为:

$$V_{CO}^0(T) = \frac{V_0(T) \cdot (C_{CO}^2 - C_{CO}^1)}{C_0 \cdot [1 - e^{-\frac{V_0(T) \cdot S \cdot n(z - z_1)}{QC_0}}]} \tag{4-15}$$

由于一氧化碳产生率是表征一氧化碳气体产生随时间变化的快慢程度的值,这一参数可以从另外一个侧面表征煤氧复合作用剧烈程度,从而由此参数可以反映出煤炭氧化自燃的过程。煤样在程序升温实验过程中一氧化碳产生率变化曲线如图 4-8 所示。

由图 4-8 可以看出,色连矿煤样的 CO 产生率随温度不断升高,反映了氧化反应随温升越发剧烈的本质,但是各阶段快慢有所不同。90~100 ℃之间,曲线首次开始出现升高,超

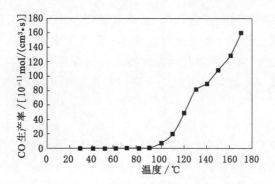

图 4-8　色连矿煤样 CO 产生率随温度变化曲线

过 $100\sim120$ ℃后曲线斜率突然变大,特别是 CO 产生率在 $120\sim130$ ℃之间提高了近 4 倍。这也可以看出,在这一温度阶段,温度上升对 CO 产生率的提高起到了更大的加速作用。

(5) 氧化放热强度

在考察反应过程中气体的浓度等物质变化的同时,氧化放热强度是反映煤氧复合反应过程中能量变化的重要指标。在程序升温过程中由于环境温度是程序控制,所以要求得到实际煤体氧化反应过程汇总释放热量是不容易实现的。但是,通过键能重组引起能量变化的原理,通过相关公式可以知道实际放热强度的上下限,由此也可以推测出实际放热强度的变化规律。色连矿煤样程序升温过程中最大和最小放热强度变化曲线如图 4-9 所示。

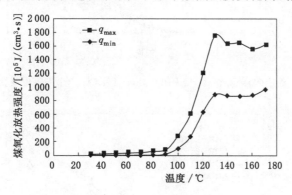

图 4-9　色连矿煤样氧化放热强度随温度变化曲线

从曲线可以看出,煤体氧化过程中热量释放的区间范围(q_{min} 与 q_{max} 之间区域),且根据实践经验,实际放热曲线在 $90\sim110$ ℃以下时,接近 q_{min},而在高于这个温度范围时接近 q_{max}。在预测煤自燃火灾危险时,我们一般以 q_{max}(释热量最大时自燃危险性最高)为参考标准。

可以看到,煤体放热强度,特别是最大放热强度开始升高和出现急剧上升的温度范围分别出现在 $60\sim80$ ℃以及 $90\sim100$ ℃。这从能量角度反映出氧化反应在这两个阶段出现了变快和加剧两个程度上的变化,这与之前根据氧气消耗和各种生成气体变化规律判断得出的色连矿煤样的临界温度和干裂温度区间是相一致的。

4.2.2　阻化剂抑制煤炭氧化自燃实验研究

实验结果主要为实验过程中直接测量或由仪器分析得到的气体成分、浓度及相应温度等实验原始记录。随外界温度程序性升高，煤体温度逐渐上升，煤氧化升温过程逐渐发展。在一系列改变稀土层状双氢氧化物配比以及浓度的条件下重复实验，煤样的升温速度、试管中氧气浓度、反应释放的一氧化碳等气体浓度等参数均发生一系列有规律的变化，从中可以考察自制稀土层状双氢氧化物对煤炭氧化升温过程的影响情况，实验原始数据见附表 2～附表 21。

（1）CO 浓度

随着程序升温实验的进行，环境温度不断升高，煤体温度也随之升高，在此条件下，煤体氧化反应释放出的生成物气体随之增加，并呈现一定的增长规律。将各组数据相关参数进行比照，考察各种阻化剂对煤炭氧化自燃的抑制情况。根据实测得到各组实验一氧化碳浓度数值，分别绘制一氧化碳浓度随煤体温度变化曲线（以下各项参数的对比分析，均采用 1# 试样结果作为煤自燃程序升温实验组分结果与其他各组实验进行对比）。LDHs-1、LDHs-2 LDHs-3、LDHs-4、LDHs-5 不同浓度与煤粉混合的条件下 CO 浓度变化情况如图 4-10～图 4-13 所示。

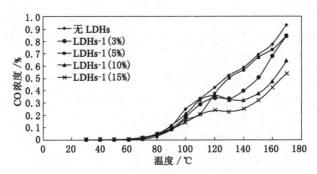

图 4-10　各组煤样经过 LDHs-1 阻化处理前后 CO 产生率随温度变化曲线

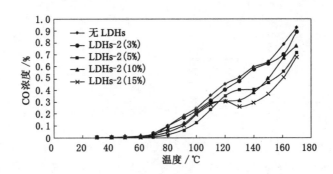

图 4-11　各组煤样经 LDHs-2 阻化处理前后 CO 产生率随温度变化曲线

色连矿煤样经 LDHs-1 阻化处理前后程序升温过程中，随着添加量的不同 CO 浓度变化曲线见图 4-10。由图可知，随着煤温的升高，试管内氧化反应加剧，在经 LDHs-1 阻化处理前后其一氧化碳变化规律基本一致，均呈指数上升状态；且经过阻化处理后，色连矿煤样的整个低温氧化阶段，随着煤温升高，一氧化碳浓度均小于阻化处理前，即阻化后的每条曲线都位于阻化前曲线下部，强有力地证明了，阻化剂 LDHs-1 的添加之后，低温氧化过程中所产生的 CO 量比空白实验下的 CO 量有所减少；15% LDHs-1 阻化效果要优于 10%

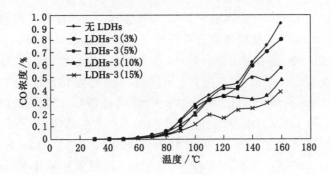

图 4-12　各组煤样经 LDHs-3 阻化处理前后 CO 产生率随温度变化曲线

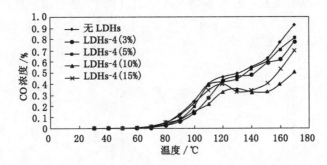

图 4-13　各组煤样经 LDHs-4 阻化处理前后 CO 产生率随温度变化曲线

LDHs-1。由图可知,整个煤自燃过程中,15％ LDHs-1 煤样的阻化效果是最好的。在 130 ℃之前,10％ LDHs-1 的阻化效果与 3％ LDHs-1 一样,效果良好。总体来说,对于色连矿煤样,选用 LDHs-1 作为阻化剂时,15％添加量时的阻化效果最好。

　　色连矿煤样经 LDHs-2 阻化处理前后程序升温过程中,随着添加量的不同 CO 浓度变化曲线见图 4-11。由图可知,随着煤温的升高,试管内氧化反应加剧,在经 LDHs-2 阻化处理前后其一氧化碳变化规律基本一致,均呈指数上升状态;且经过阻化处理后,色连矿煤样的整个低温氧化阶段,随着煤温升高,一氧化碳浓度均小于阻化处理前,即阻化后的每条曲线都位于阻化前曲线下部,强有力地证明了,阻化剂 LDHs-2 的添加之后,低温氧化过程中所产生的 CO 量比空白实验下的 CO 量有所减少;15％ LDHs-2 阻化效果要优于 10％ LDHs-2。由图可知,整个煤自燃过程中,15％ LDHs-2 煤样的阻化效果是最好的。在 110 ℃之前,5％ LDHs-2 的阻化效果是最好的,120 ℃之后,15％ LDHs-2 的阻化效果是最好的。总体来说,对于色连矿煤样,选用 LDHs-2 作为阻化剂时,15％添加量时的阻化效果最好。

　　色连矿煤样经 LDHs-3 阻化处理前后程序升温过程中,随着添加量的不同 CO 浓度变化曲线见图 4-12。由图可知,随着煤温的升高,试管内氧化反应加剧,在经 LDHs-3 阻化处理前后其一氧化碳变化规律基本一致,均呈指数上升状态;且经过阻化处理后,色连矿煤样的整个低温氧化阶段,随着煤温升高,一氧化碳浓度均小于阻化处理前,即阻化后的每条曲线都位于阻化前曲线下部,强有力地证明了,阻化剂 LDHs-3 的添加之后,低温氧化过程中所产生的 CO 量比空白实验下的 CO 量有所减少;15％ LDHs-3 阻化效果是最好的。由图可知,120 ℃之前,3％ LDHs-3、5％ LDHs-3、10％ LDHs-3 阻化效果基本一样。总体来说,对于色连矿煤样,选用 LDHs-3 作为阻化剂时,15%添加量时的阻化效果最好。

色连矿煤样经 LDHs-4 阻化处理前后程序升温过程中,随着添加量的不同 CO 浓度变化曲线见图 4-13。由图可知,随着煤温的升高,试管内氧化反应加剧,在经 LDHs-4 阻化处理前后其一氧化碳变化规律基本一致,均呈指数上升状态;且经过阻化处理后,色连矿煤样的整个低温氧化阶段,随着煤温升高,一氧化碳浓度均小于阻化处理前,即阻化后的每条曲线都位于阻化前曲线下部,强有力的证明了,阻化剂 LDHs-4 的添加之后,低温氧化过程中所产生的 CO 量比空白实验下的 CO 量有所减少;10%LDHs-4 的阻化效果是优于 15% LDHs-4。由图可知,120 ℃之前,3% LDHs-3、5% LDHs-3、15% LDHs-3 的阻化效果基本一样。总体来说,对于色连矿煤样,选用 LDHs-4 作为阻化剂时,10%添加量时的阻化效果最好。

色连矿煤样经 LDHs-5 阻化处理前后程序升温过程中,随着添加量的不同 CO 浓度变化曲线见图 4-14。同理可知,对于色连矿煤样,选用 LDHs-4 作为阻化剂时,10%添加量时的阻化效果最好。

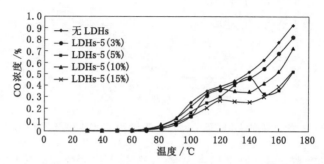

图 4-14　各组煤样经 LDHs-5 阻化处理前后 CO 浓度随温度变化曲线

(2) CO 产生速率

CO 产生率是反映 CO 随时间释放速率的值。由此辅以 CO 浓度变化情况可以考察在不同阻化剂 LDHs 不同浓度条件下,煤氧化自燃的程度。在上一节对标准氧浓度条件下的CO 产生率计算公式[式(4-20)]基础上,得到各组试样在实验条件下的 CO 产生率。

各组不同浓度 LDHs 抑制煤自燃 CO 产生率变化情况如图 4-15～图 4-19 所示。

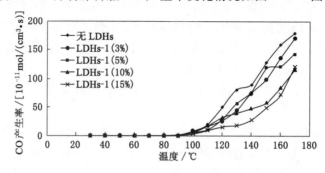

图 4-15　各组煤样经 LDHs-1 阻化处理前后 CO 产生率随温度变化曲线

由图 4-15 可以看出,随着程序升温过程,各组实验煤样的 CO 产生率都呈现不同程度的上升。其中以 1#(纯煤样)曲线开始上升最早且幅度最大。而添加 LDHs 试样中 CO 产生率开始上升较晚(100 ℃左右),且均处于 1# 试样之下,说明 LDHs 对煤氧化自燃产生 CO

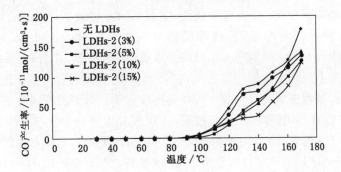

图 4-16 各组煤样经 LDHs-2 阻化处理前后 CO 产生率随温度变化曲线

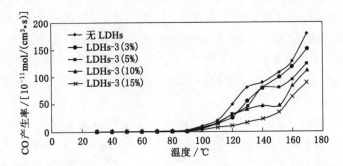

图 4-17 各组煤样经 LDHs-3 阻化处理前后 CO 产生率随温度变化曲线

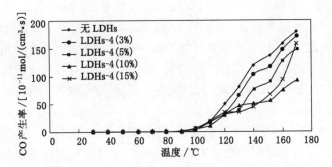

图 4-18 各组煤样经 LDHs-4 阻化处理前后 CO 产生率随温度变化曲线

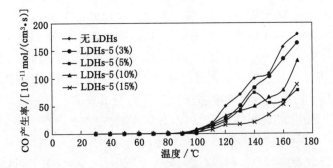

图 4-19 各组煤样经 LDHs-5 阻化处理前后 CO 产生率随温度变化曲线

速率有不同程度的抑制作用。比较各个曲线，随着 LDHs 含量的增加，曲线依次降低，尤其以 15% LDHs-1 的效果最明显，曲线降低幅度最大。在 130 ℃ 以前，3% LDHs-1、5% LDHs-1、10% LDHs-1，CO 产生率基本相同。这就说明阻化剂 LDHs-1 添加量在 3%、5%、10% 的阻化效果基本一样。由图可以看出，在高温条件下（100 ℃ 以上阶段），15% LDHs-1 对煤体在程序升温过程中氧化反应释放 CO 的速度起到了最好的抑制效果。

由图 4-16 可以看出，随着程序升温过程，各组实验煤样的 CO 产生率都呈现不同程度的上升。其中以 1#（纯煤样）曲线开始上升最早且幅度最大。而添加 LDHs-2 试样中 CO 产生率开始上升较晚（100 ℃ 左右），且均处于 1# 试样之下，说明 LDHs-2 对煤氧化自燃产生 CO 速率有不同程度的抑制作用。比较各个曲线，随着 LDHs 含量的增加，曲线依次降低，尤其以 15% LDHs-2 的效果最明显，曲线降低幅度最大。在 130 ℃ 以前，5% LDHs-2、10% LDHs-2、15% LDHs-2，CO 产生率基本相同，且比 3% LDHs-2 要小一些。这就说明阻化剂 LDHs-2 添加量在 5%、10%、15% 的阻化效果基本一样，并且比 3% 的效果会好一些。由图可以看出，在高温条件下（130 ℃ 以上阶段），15% LDHs-2 对煤体在程序升温过程中氧化反应释放 CO 的速度起到了最好的抑制效果，综上可知，阻化剂 LDHs-2 的阻化效果随着其添加量的增加而增强。

由图 4-17 可以看出，随着程序升温过程，各组实验煤样的 CO 产生率都呈现不同程度的上升。其中以 1#（纯煤样）曲线开始上升最早且幅度最大。而添加 LDHs-3 试样中 CO 产生率开始上升较晚（100 ℃ 以后），且均处于 1# 试样之下，说明 LDHs-3 对煤氧化自燃产生 CO 速率有不同程度的抑制作用。比较各个曲线，随着 LDHs 含量的增加，曲线依次降低，尤其以 15% LDHs-3 的效果最明显，曲线降低幅度最大。在 140 ℃ 以前，3% LDHs-3、5% LDHs-3，CO 产生率基本相同，且比 10% LDHs-3、15% LDHs-3 要大一些，这就说明阻化剂 LDHs-3 添加量在 3%、5% 的阻化效果基本一样，并且比 10%、15% 的效果差一些。由图可以看出，在高温条件下（130 ℃ 以上阶段），15% LDHs-3 对煤体在程序升温过程中氧化反应释放 CO 的速度起到了最好的抑制效果，综上可知，阻化剂 LDHs-3 的阻化效果随着其添加量的增加而增强。

由图 4-18 可以看出，随着程序升温过程，各组实验煤样的 CO 产生率都呈现不同程度的上升。其中以 1# 试样（纯煤样）曲线开始上升最早且幅度最大。而添加 LDHs-4 试样中 CO 产生率开始上升较晚（110 ℃ 以后），且均处于 1# 试样之下，说明 LDHs-4 对煤氧化自燃产生 CO 速率有不同程度的抑制作用。比较各个曲线，随着 LDHs 含量的增加，曲线依次降低，尤其以 10% LDHs-4 的效果最明显，曲线降低幅度最大。在 130 ℃ 以前，5% LDHs-4、10% LDHs-4、15%LDHs-4，CO 产生率基本相同，这就说明阻化剂 LDHs-3 添加量在 5%、10%、15% 的阻化效果基本一样。由图可以看出，在高温条件下（130 ℃ 以上阶段），10% LDHs-4 对煤体在程序升温过程中氧化反应释放 CO 的速度起到了最好的抑制效果。综上可知，阻化剂 LDHs-4 的阻化效果在添加量为 10% 时是最好的。

由图 4-19 可以看出，随着程序升温过程，各组实验煤样的 CO 产生率都呈现不同程度的上升。其中以 1# 试样（纯煤样）曲线开始上升最早且幅度最大。而添加 LDHs-5 试样中 CO 产生率开始上升较晚（110 ℃ 以后），且均处于 1# 试样之下，说明 LDHs-5 对煤氧化自燃产生 CO 速率有不同程度的抑制作用。比较各个曲线可知，阻化剂 LDHs-5 的阻化效果在添加量为 15% 时是最好的，并且其阻化效果也是随着添加量的增多而增强。

本书就阻化剂对煤炭氧化自燃抑制规律进行系列研究,研究结果分析如下:

① 相同阻化剂抑制结果分析

由实验测定,已经得到了氧气浓度的变化规律,这一规律可以比较直接地反映煤在添加 LDHs 的环境下进行程序升温过程中的氧气浓度的变化规律。在此基础上,进行耗氧速率的计算,可以更加深入地揭示这一过程中的相关规律。从而可以更进一步地判断自制阻化剂的阻化效果。各组不同浓度 LDHs 加入条件下耗氧速度随煤温变化情况如图 4-20～图 4-24 所示。

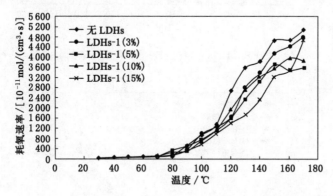

图 4-20　各组煤样经 LDHs-1 阻化处理前后耗氧速率随温度变化曲线

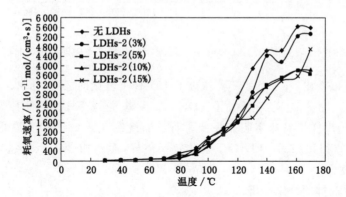

图 4-21　各组煤样经 LDHs-2 阻化处理前后耗氧速率随温度变化曲线

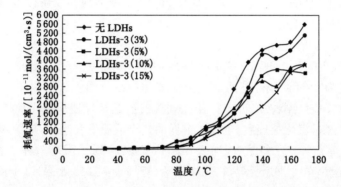

图 4-22　各组煤样经 LDHs-3 阻化处理前后耗氧速率随温度变化曲线

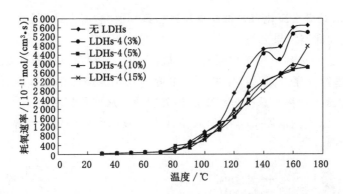

图 4-23　各组煤样经 LDHs-4 阻化处理前后耗氧速率随温度变化曲线

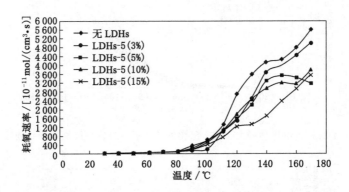

图 4-24　各组煤样经 LDHs-5 阻化处理前后耗氧速率随温度变化曲线

由图 4-20 可以看出,在添加了不同浓度的 LDHs-1 阻化剂之后,耗氧速率曲线都在 1# 试样(原煤样)之下,也就是说,在添加了 LDHs 以后,煤样的耗氧速率都有所降低。特别是添加量为 15% 时,煤样耗氧速率明显降低。而添加量在 3%、5%、10% 的耗氧速率基本相同。由此我们可以得出,15% LDHs-1 阻化效果最好,而添加量 3%、5%、10% 的 LDHs-1 阻化效果基本一样。

② 不同阻化剂抑制结果分析

通过以上的分析可以得出,阻化剂浓度越高其防火效果越好,但吨煤防火成本也随之增加,阻化剂浓度过小,虽降低了吨煤防火成本,但防火效果则差。所以选择实验中浓度为 15% 的阻化剂进行分析比较。

a. 耗氧速率的分析

色连矿煤样经 LDHs-1、LDHs-2、LDHs-3、LDHs-4、LDHs-5 阻化处理前后程序升温过程中,在添加量同为 15% 的条件下的耗氧速率变化曲线见图 4-25。由图可知,随着煤温的升高,试管内氧化反应加剧,在经 LDHs 阻化处理前后其耗氧速率变化规律基本一致,均呈指数上升状态;且经过阻化处理后,色连矿煤样的整个低温氧化阶段,随着煤温升高,耗氧速率均小于阻化处理前,再一次说明,加入 LDHs 确实起到了阻燃效果。由图可以看出,LDHs-5 的耗氧速率值最低,所以在添加量为 15% 时,阻化效果 LDHs-4<LDHs-2<LDHs-1<LDHs-3<LDHs-5。

b. CO 产生率的分析

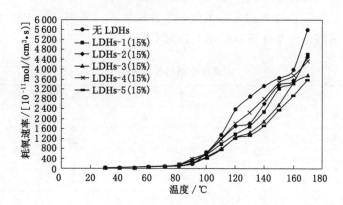

图 4-25   各组煤样经 15% LDHs 阻化处理前后耗氧速率随温度变化曲线

由图 4-26 可以看出,随着煤温的升高,各组试样 CO 产生率都是随煤温升高而上升的。同时将各条曲线进行比较,可以发现各个曲线几乎全部处于原样曲线之下,这就说明 LDHs 阻化剂可使得色连矿煤样氧化反应产生 CO 的速率降低。而且从图中可以看到,曲线 15% LDHs-1、15% LDHs-2、15% LDHs-3、15% LDHs-4、15% LDHs-5 的值大幅度降低,也就是说各个阻化剂均表现出很好的阻化效果。所不同的是,在 130 ℃之后,LDHs-5 的阻化效果最好。综上可知,在添加量为 15% 时,阻化效果 LDHs-4＜LDHs-2＜LDHs-1＜LDHs-3＜LDHs-5。

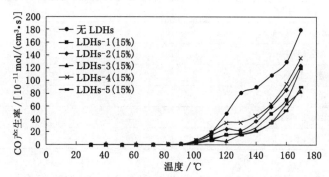

图 4-26   各组煤样经 15% LDHs 阻化处理前后 CO 产生率随温度变化曲线

4.2.3 LDHs 阻化效果分析

煤样在阻化处理前后放出的 CO 量的差值与未经阻化处理时放出的 CO 量的百分比称为阻化率(E),公式如下:

$$E=(A-B)/A\times100\%$$

(4-16)

式中 E——阻化率,%;

   A——空白煤样在一定条件下产生的 CO 浓度,10^{-6};

   B——煤样经阻化处理后在上述同样条件下产生的 CO 浓度,10^{-6}。

对于一定条件,各个学者有不同的见解,有学者提出是在温升 100 ℃试验中通入净化干燥空气(160 mL/min)时放出的 CO 浓度,也有学者定义为煤样在 150 min 内释放出的 CO 浓度的总和,也有其他学者有另外的处理条件。但是阻化剂对于自然发火的抑制过程是贯穿于整个低温氧化过程全部阶段,所以选 150 min 也相对欠妥。因此,本书拟采用 100 ℃这一条件来计算阻化率,从而作为阻化效果的一个评价指标。采用上述方法计算出阻化剂为 LDHs 时,煤样在不同处理条件下的阻化率如表 4-3 所列。

表 4-3   **不同阻化剂的阻化效果**

阻化剂种类	煤样阻化率/%
3% LDHs-1	16.5
5% LDHs-1	25.3
10% LDHs-1	34.6
15% LDHs-1	42.2
3% LDHs-2	9.7
5% LDHs-2	18.3
10% LDHs-2	22.4
15% LDHs-2	49.5
3% LDHs-3	8.7
5% LDHs-3	24.1
10% LDHs-3	29.2
15% LDHs-3	58.1
3% LDHs-4	8.9
5% LDHs-4	18.9
10% LDHs-4	44.9
15% LDHs-4	38.6
3% LDHs-5	13.9
5% LDHs-5	33.1
10% LDHs-5	47.6
15% LDHs-5	47.7

由表 4-3 可以看出,在 100 ℃、LDHs-3 添加量为 15% 时抑制煤自燃效果最好;对比分析可以看出,各种阻化剂抑制煤自燃试验中,浓度在 3%～15% 范围内的阻化剂,浓度为 15% 的阻化剂效果最为理想。且基本都是随着添加量的增多,抑制煤自燃效果表现得愈加明显。

热重分析仪在实验过程中根据实验条件由计算机设定程序采集实验数据,对失重过程中的煤样随温度变化时质量的变化进行记录,并绘制成热失重曲线(TG 曲线),对于 TG 曲线进行微分分析可以得到失重速率曲线(DTG 曲线),即根据 TG 曲线计算出的瞬时失重速度。其中 TG 曲线反映了煤氧化升温过程中煤重的变化情况,煤重的变化是由煤氧复合与各种气体的脱附、逸出造成的,DTG 曲线反映了煤氧复合速率与各种气体产生率之间的关系。这两条曲线的特征反映了煤样的反应状况,而曲线的变化过程是整个反应过程的外在表现,对曲线的分析可以间接获得煤样的自燃特性。

本实验的大量实验数据及热分析曲线图表明,不同的实验条件会使煤样发生不同的反应,而导致热重特征温度值及热失重速率的不同,但总的反应历程相似,即曲线的线型相似且每条曲线均能找到特征温度点。图 4-27 为本实验条件下选取的两组 TG、DTG 曲线。通过分析曲线不同的特征值点(曲线上的峰值点)、迅速失重段所用时间的长短以及最大失重速率等可分析煤的氧化过程及煤自燃着火的完整过程。由实验条件可分别得到 21 条 TG 线和 21 条 DTG 曲线。

4.2.4 色连矿煤样自燃特征温度的测定

煤的结构具有显著的复杂性和多样性,不同结构单元活性不同。在煤自燃过程中,煤中活性不同的结构单元,在某一特定温度下,参与低温氧化反应,在热重曲线上则体现为该温度下煤样的失重量及热失重速率的不同。因而,可利用热重分析研究煤自燃过程中的特征温度点,并通过比较不同条件下特征温度点的变化,获得外界条件变化对煤自燃过程的影响规律。

根据热重分析的 TG-DTG 曲线,可以得到 7 个特征温度点。色连矿煤样在空气气氛中的 TG-DTG 曲线如图 4-27 所示。由图 4-27 可知,煤的空气氧化可分为三个阶段:煤及氧化气体产物的物理化学脱附失重阶段($30 \sim 180$ ℃,室温至干裂温度 T_2),煤对空气中氧气吸附增重阶段($180 \sim 350$ ℃,T_2 至着火点 T_4)以及煤燃烧热分解失重阶段($350 \sim 700$ ℃,T_4 至失重终温 T_7)。

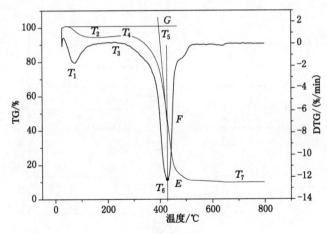

图 4-27 色连矿煤样的 TG-DTG 谱图

临界温度 T_1($60 \sim 70$ ℃)为第一个失重速率最大点,也是第一失重阶段 DTG 上的最低点。此时,煤对气体的物理吸附过程及脱附过程达到动态平衡,煤从加速失重向减速失重过程转变。

干裂温度 T_2($140 \sim 180$ ℃)是煤结构中的侧链官能团参与氧化反应的初始温度。侧链小分子逐渐从煤主体结构中断裂,以气体形式逸出。此时气体产物如乙烯、乙烷等逐渐产生,煤样从失重状态向吸氧增重阶段过渡。

增速温度 T_3($250 \sim 280$ ℃)是煤对氧气吸附增重阶段中增重速率极大值点。随着煤中气体脱附,在煤表面形成大量空活性位点,煤对氧气的吸附量剧增,逐渐大于脱附和反应产生气体量,煤样质量快速增加。由于煤表面活性位点有限,且氧化反应的逐渐加剧,温度达到 T_3 后,煤样增重速度有所降低。

着火温度 T_4($300 \sim 350$ ℃)是煤氧质量比极大值点的温度,是煤样增重阶段的终点。

此时,随着煤表面活性结构数量剧增,芳环开始参与氧化反应,产生大量 CO 及 CO₂ 等小分子有机气体,放出大量热量,煤样质量开始急剧下降,标志着挥发物开始燃烧,到达了煤样的起始燃烧温度

T_5 即 380.01 ℃。起始燃烧温度 T_5 采用切线法获取。即在 DTG 曲线上,过峰值 E 点作垂线与 TG 曲线相交于一点 F,过 F 点作 TG 曲线的切线与 TG 开始曲线的平行线相交于 G 点,G 点所对应的温度就是 T_5。

最大失重速率点温度 T_6 为 429.75 ℃。此时煤分子内部发生了剧烈的化学反应,一氧化碳产生率、耗氧速率急剧增加,升温速度急剧加快,气体大量产生,煤样加速失重,但随着反应物浓度的消耗,温度大于 T_6 后减速失重。

T_7 即为失重终温,由图 4-27 可以看出,色连矿煤样失重终温为 667.10 ℃。

4.2.5 LDHs 煤自燃阻化过程的热失重规律

为进一步阐明 LDHs 所呈现的阻燃性能,我们选用 LDHs-1、LDHs-2、LDHs-3、LDHs-4、LDHs-5 做阻燃剂,采用机械研磨方法与色连煤混合,以制备不同复配比例的 SLC-LDHs 复配材料,对比了分析添加 LDHs 对色连矿煤自燃倾向性的影响规律。

图 4-28～图 4-32 表示的是添加量对 SLC-LDHs 复配材料的热性能的影响;表 4-4～表 4-8 分别表示添加量对 SFC-LDHs 的特征温度点的影响。

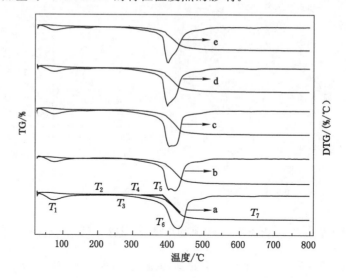

图 4-28　添加量对 SFC-LDHs-1(La^{3+} ∶ Al^{3+} ＝0∶1)热稳定性的影响

a——SLC；b——3％；c——5％；d——10％；e——15％

表 4-4　　　添加量对 SFC-LDHs-1(La^{3+} ∶ Al^{3+} ＝0∶1)的特征温度点的影响

添加量/％(wt)	T_1/℃	T_2/℃	T_3/℃	T_4/℃	T_5/℃	T_6/℃	T_7/℃
0	65.64	173.79	275.69	323.01	389.01	429.75	667.10
3	8044	195.90	230.16	321.60	381.29	422.02	555.44
5	76.53	200.47	280.88	318.44	371.81	403.06	632.34
10	78.28	208.54	279.12	312.12	365.49	396.74	734.51
15	75.42	227.16	285.44	307.56	362.33	393.58	597.93

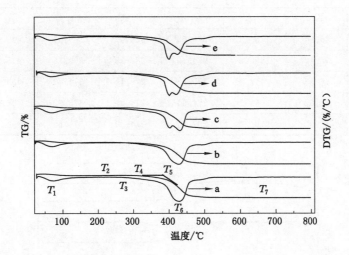

图 4-29 添加量对 SFC-LDHs-2(La³⁺ ∶ Al³⁺ =0.1∶0.9)热稳定性的影响

a——SLC;b——3%;c——5%;d——10%;e——15%

表 4-5   **添加量对 SFC-LDHs-2(La³⁺ ∶ Al³⁺ =0.1∶0.9)的特征温度点的影响**

添加量/%(wt)	T_1/℃	T_2/℃	T_3/℃	T_4/℃	T_5/℃	T_6/℃	T_7/℃
0	65.64	173.79	275.69	323.01	389.01	429.75	667.10
3	70.21	191.34	283.68	316.69	385.86	426.18	651.30
5	75.52	205.36	266.48	312.12	381.29	425.18	602.49
10	79.69	221.19	281.55	310.37	379.54	399.90	607.41
15	82.55	249.28	171.39	308.96	373.22	398.50	681.14

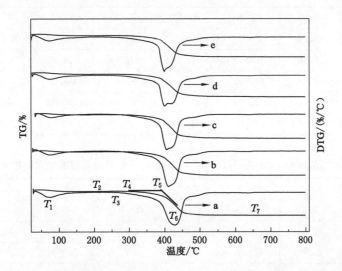

图 4-30 添加量对 SFC-LDHs-3(La³⁺ ∶ Al³⁺ =0.3∶0.7)热稳定性的影响

a——SLC;b——3%;c——5%;d——10%;e——15%

表 4-6　　　添加量对 SFC-LDHs-3(La^{3+} : Al^{3+} =0. 3 : 0. 7)的特征温度点的影响

添加量/%(wt)	T_1/℃	T_2/℃	T_3/℃	T_4/℃	T_5/℃	T_6/℃	T_7/℃
0	65. 64	173. 79	275. 69	323. 01	389. 01	429. 75	667. 10
3	75. 12	199. 06	279. 12	282. 28	380. 86	411. 14	564. 92
5	76. 53	202. 23	275. 96	279. 12	374. 97	403. 06	682. 55
10	80. 55	205. 39	274. 55	278. 01	373. 22	400. 55	618. 29
15	83. 90	216. 27	269. 64	274. 56	371. 81	396. 74	509. 80

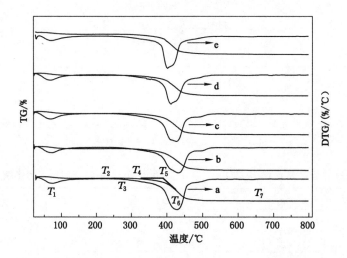

图 4-31　　添加量对 SFC-LDHs-4(La^{3+} : Al^{3+} =0. 5 : 0. 5)热稳定性的影响

a——SLC;b——3%;c——5%;d——10%;e——15%

表 4-7　　　添加量对 SFC-LDHs-4(La^{3+} : Al^{3+} =0. 5 : 0. 5)的特征温度点的影响

添加量/%(wt)	T_1/℃	T_2/℃	T_3/℃	T_4/℃	T_5/℃	T_6/℃	T_7/℃
0	65. 64	173. 79	275. 69	323. 01	389. 01	429. 75	667. 10
3	71. 96	205. 39	274. 56	316. 68	385. 86	428. 34	591. 61
5	77. 01	222. 39	282. 28	312. 12	381. 29	425. 18	568. 68
10	76. 79	228. 91	289. 19	307. 56	370. 06	409. 38	621. 61
15	78. 28	238. 39	280. 87	299. 48	366. 90	399. 08	564. 92

表 4-8　　　添加量对 SFC-LDHs-5(La^{3+} : Al^{3+} =0. 7 : 0. 3)的特征温度点的影响

添加量/%(wt)	T_1/℃	T_2/℃	T_3/℃	T_4/℃	T_5/℃	T_6/℃	T_7/℃
0	65. 64	173. 79	275. 69	323. 01	389. 01	429. 75	667. 10
3	76. 52	194. 50	294. 92	310. 37	387. 61	401. 66	611. 97
5	78. 28	199. 07	275. 96	307. 56	384. 45	399. 90	544. 56
10	82. 85	205. 39	290. 01	327. 92	379. 54	392. 68	541. 40
15	86. 01	211. 71	285. 44	310. 37	374. 97	389. 91	568. 08

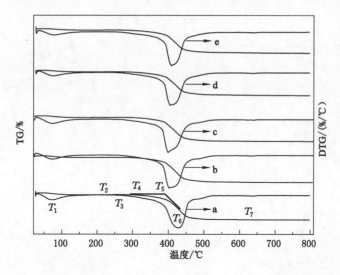

图 4-32 添加量对 SFC-LDHs-5(La³⁺∶Al³⁺=0.7∶0.3)热稳定性的影响

a——SLC;b——3%;c——5%;d——10%;e——15%

添加量对 SFC-LDHs-1 复配材料的 TG-DTG 影响如图 4-28 所示。结合图 4-28～图 4-32,画出添加量对特征温度点的影响图,见图 4-33～图 4-38。由此可知,SFC-LDHs 复配材料的热氧化过程大致分为 2～3 个阶段,第一阶段从室温～170 ℃,失重大约占总失重的 10%。第二阶段为 180～300 ℃,LDHs 的结合水的吸热脱除引起的失重过程和煤的吸氧增重过程同时进行。因此,当 LDHs 的添加量大于某特定值时,SLC-LDHs 复配材料第二个阶段逐渐由增重阶段转变为失重阶段。第三阶段为 350～600 ℃,发生强烈的氧化分解,TG 曲线陡然下降,总失重约为 70%。该阶段中,该复配材料中 SLC-LDHs 的层板羟基吸热脱除引起的失重过程和煤的着火燃烧失重过程同时进行。

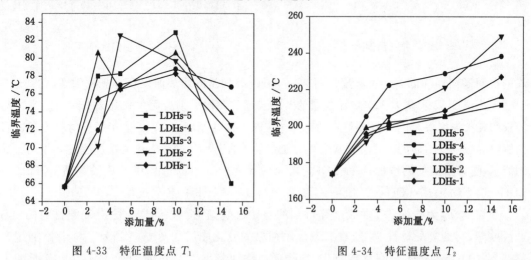

图 4-33 特征温度点 T_1 图 4-34 特征温度点 T_2

随着添加量的升高,LDHs-1、LDHs-2、LDHs-3、LDHs-4、LDHs-5 的添加量对复配材料的特征温度点的影响情况分别见表 4-4～表 4-8 及图 4-33～图 4-38。由图可知,5 种 LDHs 均可导致煤样的临界温度 T_1 升高,因此,初步证明 LDHs 的吸热分解可导致色连矿

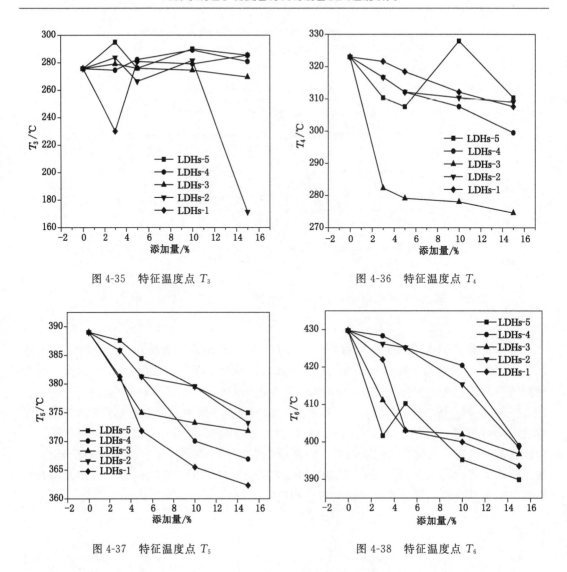

图 4-35　特征温度点 T_3　　　　　　　　图 4-36　特征温度点 T_4

图 4-37　特征温度点 T_5　　　　　　　　图 4-38　特征温度点 T_6

煤的自燃倾向性降低。干裂温度 T_2 随着 LDHs 添加量的增加而呈现有规律的递增。

增速温度 T_3 则随着 LDHs 添加量的升高及增重阶段的消失而失去其原有物理意义。与原煤的着火温度 T_4 不同，复配材料的第三个失重阶段初始温度 T_4，标志了复配材料 LDHs 吸热脱除层板羟基引起的失重过程和煤大分子中的缩合芳环的剧烈氧化失重过程共同作用。如图所示，随着添加量的增加，5 种 LDHs 均导致煤样的 T_4 降低，且作用效果遵循 LDHs-3＞LDHs-5＞LDHs-4＞LDHs-2＞LDHs-1 对比分析 5 种 LDHs 的失重过程(图 4-36)。

原煤的 T_5 为根据 TG 曲线计算得到的起始燃烧温度。以同样方法对复配材料的 TG 曲线处理，得到复配材料 T_5 随着 LDHs 添加量的变化曲线如图 4-37 所示。随着添加量升高，5 种 LDHs 与煤的复配材料的 T_5 均降低。添加量小于 15％时，与 LDHs 在 T_5 时的失重速率一致，为 LDHs-1＞LDHs-4＞LDHs-3＞LDHs-2＞LDHs-5。添加量大于 15％时，LDHs 对煤起始着火温度 T_5 的影响与 LDHs 在 T_5 时的失重速率无明显相关性。因此，LDHs 添加量大于 15％时，复配材料 T_5 随添加量的变化就可归因于 LDHs 的影响。尽管复配材料中 LDHs 在热分解过程中能够吸收一部分煤氧化所需热量,且释放出 CO_2、H_2O 等稀释空气中氧气浓度,从而可以起到一定的阻燃作用,且 LDHs 的吸热分解有助于促进防止煤炭燃烧的阻隔炭层的形成,复配材料的起始热分解温度 T_5 的降低。

第三个失重阶段的失重速率峰温 T_6 随着 LDHs 添加量的升高而降低,再次证明 LDHs 参与并促进煤阻燃炭层的形成,其中 LDHs-5 效果较显著。

4.2.6　稀土层状双氢氧化物的阻化机理

煤的自燃过程是煤在空气中发生低温氧化反应放热,热量在煤体内没有及时有效转移到环境,引起煤体热量积蓄,温度升高,达到煤燃烧条件,引起煤炭自发燃烧的过程。煤的自燃过程主要包括以下 3 个阶段:煤对氧气的物理吸附和低温氧化放热阶段;由于煤温升高,煤与氧中温氧化放热阶段;煤温进一步升高,达到燃点后,煤与氧发生强烈氧化自燃阶段。

根据本书中各实验结果,XRD 分析、电镜扫描分析、煤自燃程序升温实验分析,从而进一步探索稀土层状双氢氧化物抑制煤自燃的阻化机理,结合以下事实:

(1) 稀土元素原子的价电子层结构有许多空轨道,容易接受多种多个配体提供的孤对电子形成配位键,使得 La^{3+} 自身拥有优异的螯合性能。

(2) LDHs 中其所含元素 O 所占比例最大,达到 66.44%,主要以 CO_3^{2-} 和层板间结合水存在于层间。另一方面随着 La^{3+} 的增加,LDHs 中元素 O 的含量升高,也就是说,稀土层状双氢氧化物的层板间结合水增多。

提出如下假设:

(1) 煤中的活性基团与阻化剂 LDHs 中的金属离子形成了配合物。

(2) 由于煤大分子中—COOH 与 Zn^{2+}、Mg^{2+}、Al^{3+} 的选择性络合作用以及煤对金属离子的吸附平衡,La^{3+} 优先于 Zn^{2+}、Mg^{2+}、Al^{3+} 等与煤中的活性基团的发生吸附与络合。

(3) La^{3+} 的加入对层状双氢氧化物的结构与形貌有了明显的影响。不同的稀土层状双氢氧化物 LDHs-1、LDHs-2、LDHs-3、LDHs-4、LDHs-5、LDHs-6,因其 La^{3+} 含量不同,可能与煤表面的酸性官能团形成不同的络合物,从而表现出不同的阻化性能。

基于以上假设与实验事实,提出煤大分子与 LDHs 的吸附与络合平衡的耦合调控机理,如图 4-39 所示。

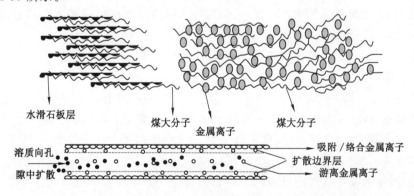

图 4-39　煤大分子与 LDHs 金属离子的吸附/络合作用示意图

综上可知,LDHs 由于含有层间水以及层板水和层板吸附阴离子,当其在煤表面覆盖或吸附后,不仅可以阻隔氧向煤表面的渗透扩散,而且可以吸收煤低温氧化阶段产生的热量;

另一方面,LDHs 在脱除层间水时,水分蒸发带走煤体氧化产生的热量,从而减缓煤体温度的升高,从而达到预防煤自燃的效果。通过调节 LDHs 的金属离子比例,LDHs 组分的初始热分解温度可调节至煤着火点之前,参与并促进阻隔炭层的形成,并释放出 CO_2、H_2O 气体,可进一步起到稀释氧浓度及燃烧热的作用,从而起到一定阻燃效果,达到延缓煤火蔓延的目的。

4.3 本章小结

本章通过程序升温实验,分析对比了色连矿煤样在未添加自制阻化剂 LDHs 前后特征气体浓度与耗氧速率等,得出以下结论:

(1)针对煤自燃特性和拟研究的关于阻化剂抑制煤炭氧化自燃性能的相关目标,分析了未添加阻燃剂情况下的煤自燃特性数据参数。可以发现色连矿煤样升温过程中氧气的消耗,一氧化碳的产生及能量的释放等都随着温度升高而逐渐升高,$60\sim75$ ℃出现了比较明显的增加,而在 $80\sim95$ ℃内增加趋势变得越发明显。可以说明,在 $60\sim75$ ℃内氧化反应程度出现了第一次较大的加剧,而在 $80\sim95$ ℃内这种反应程度变得更加剧烈。

(2)由此可以预测色连矿煤样临界温度为 $60\sim75$ ℃,而其干裂温度为 $80\sim95$ ℃。煤自燃特性分析结果为研究阻化剂抑制煤炭氧化自燃性能提供了对比参数。

(3)色连矿煤样添加 LDHs 处理前后程序升温过程中,添加阻化剂 LDHs 之后,低温氧化过程中所产生的 CO 量、耗氧速率以及氧化放热强度均低于组化处理前。这就说明自制阻化剂状双氢氧化物起到了阻化效果。

(4)由实验可得,各种阻化剂阻化煤样试验中,浓度在 3%～15%范围内的阻化剂,浓度为 15%的阻化剂抑制煤自燃效果最好。

(5)自制阻化剂稀土层状双氢氧化物的阻化效果在 100 ℃时:15% LDHs-3＞15% LDHs-2＞15% LDHs-5＞10% LDHs-4＞15% LDHs-1;在 130 ℃之后,阻化效果 LDHs-4＜ LDHs-2＜ LDHs-1＜ LDHs-3＜ LDHs-5。

(6)将 LDHs 通过简单机械研磨方式加入神府煤中,当 LDHs-1、LDHs-2、LDHs-3、LDHs-4、LDHs-5 添加量分别为 3%、5%、10% 和 15%时,色连矿煤样的临界温度较高,可起到较好预防煤自燃的效果。

(7)LDHs 可以作为色连矿煤自燃的阻化剂。物理混合复合时,添加量为 15%时,预防煤自燃效果较好。

(8)在提出理论假设的前提下,结合前人研究成果,进一步探索稀土层状双氢氧化物抑制煤自燃的阻化机理,提出煤大分子与 LDHs 的吸附与络合平衡的耦合调控机理:一方面由于稀土元素优异的螯合性能以及煤大分子中—COOH 与 Zn^{2+}、Mg^{2+}、Al^{3+} 的选择性络合作用以及煤对金属离子的吸附平衡,La^{3+} 优先于 Zn^{2+}、Mg^{2+}、Al^{3+} 等与煤中的活性基团发生络合作用,阻止了煤与氧气的反应。另一方面随着 La^{3+} 加入,稀土层状双氢氧化物中层板间结合水增多,LDHs 受热过程中发生多级分解过程会吸收更多的热量,从而抑制煤自热导致自燃。

5　Zn/Mg/Al-LDHs/神府煤
复合材料的制备及表征

据统计,煤矿火灾事故中,90％以上的火灾是由煤炭自燃引起的[1-3]。码头及矿区的地面煤堆、远洋船舶和铁路运输过程中的煤炭,也常发生自燃灾害。煤炭自燃是煤炭发达孔隙结构吸附氧、表面官能团发生自动氧化放热,以及热量聚集升温,最后引起燃烧的过程。因此,煤的孔隙结构特征、反应活性官能团和热量移去是防治煤炭自燃的关键环节。

神府煤田是世界八大煤田之一,煤炭储量丰富、煤质优良。神府煤是国内外著名的优质动力煤,但具有较高自燃倾向性,严重制约了该优质煤的开采、运输和利用安全。同时,随着环境标准的提高,神府煤具有氮含量相对较高的缺点也已突现。近年来,围绕神府煤的组成结构开展了大量研究工作[4-5],发现神府煤不仅可以作为优质动力煤,而且是优良煤化工及煤分质利用的原料煤。围绕神府煤自燃防治和高效绿色利用两大主题,探讨神府煤自燃问题解决办法的同时,也为神府煤高效利用开拓一条新途径是本课题研究的核心目标,为此,提出了开展 Zn/Mg/Al-LDHs/神府煤纳米复合材料制备及性能研究的新思路。

在前两章中,已对神府煤氧化过程中组成结构变化、LDHs 材料的结构特性以及 Zn/Mg/Al-LDHs 结构、性质和腐殖酸插层作用等进行了讨论,为 Zn/Mg/Al-LDHs/神府煤复合材料(Zn/Mg/Al-LDHs/SFC composites,简写为 CLCs)制备研究打下了良好基础。

本章基于神府煤的特殊孔结构和丰富官能团结构,利用 LDHs 结构记忆功能和多级热效应特性,采用原位共沉淀法制备 CLCs,利用 XRD、FTIR、SEM、TG 和 DSC 等分析方法对纳米复合材料的结构形貌及热性能进行表征。探讨煤样经脱灰、氧化等预处理,以及合成条件变化等对 CLCs 结构和性质的影响,分析纳米 LDHs 对神府煤氧化升温过程的影响规律,为煤炭自燃防治新材料制备提供新方法,并为其应用推广奠定基础。

5.1　实验部分

5.1.1　实验原料及仪器

实验煤样为神府张家峁煤矿 3^{-1} 长焰煤原煤。SFC 的工业分析和元素分析见表 2-3。实验用主要试剂见表 5-1。

表 5-1　　　　　　　　　　　　　主要试剂

试剂名称	级别	生产厂家
氯化锌(ZnCl₂)	A. R.	郑州派尼化学试剂厂
氯化镁(MgCl₂·6H₂O)	A. R.	郑州派尼化学试剂厂
结晶氯化铝(AlCl₃·6H₂O)	A. R.	西陇化工股份有限公司

试剂名称	级别	生产厂家
氢氧化钠（NaOH）	A. R.	天津市河东区红岩试剂厂
无水碳酸钠（Na_2CO_3）	A. R.	西安化学试剂厂

主要仪器和设备列于表 5-2。

表 5-2 　　　　　　　　　　　　　　实验仪器及设备

实验仪器	型号	生产厂家
密封式化验制样粉碎机	F77-GJ100	江西省南昌华南化验制样机厂
微波搅拌球磨机	自制	西安科技大学
激光粒度分析仪	LS230	美国贝克曼库尔特公司
电子天平	FA2004N	上海精密科学仪器有限公司
电动搅拌器	JJ-1	江苏金坛市正基仪器有限公司
恒温水浴锅	HH-S4	北京科伟永兴仪器有限公司
离心机	TD5B	长沙英泰仪器有限公司
真空干燥箱	DZF	北京中兴伟业仪器有限公司
X 射线衍射仪	XRD-7000	日本岛津公司
傅里叶变换红外光谱仪	Tensor27	德国布鲁克公司
扫描电镜	S4800	日本日立公司
热重分析仪	Q50	美国 TA 公司

5.1.2　样品的制备

不同 CLCs 制备流程如图 5-1 所示。

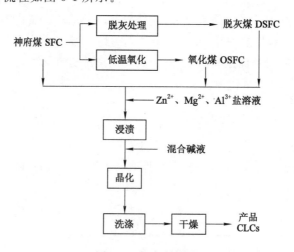

图 5-1　实验流程图

CLCs 制备实验装置如图 5-2 所示。

CLCs 的制备是在第 2 章中 Zn/Mg/Al-LDHs 制备方法基础上，按照图 5-1 所示流程，

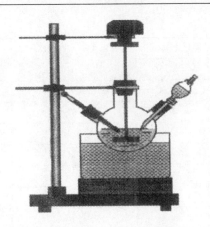

图 5-2 合成 CLCs 的实验装置

在神府煤上原位共沉淀制备。将 200 mL 含有 1.36 g(10 mmol)ZnCl$_2$,4.07 g(20 mmol)MgCl$_2$·6H$_2$O 及 2.41 g(10 mmol)AlCl$_3$·6H$_2$O 的混合盐溶液[n(Zn^{2+})/n(Mg^{2+})/n(Al^{3+})比例 $R=1:2:1(R_2)$]按照一定煤盐比 w 加入神府煤粉,于室温搅拌浸渍 24 h。然后,将含有 Na$_2$CO$_3$ 的 0.75 mol/L NaOH 碱溶液[n(OH$^-$)/n(CO$_3^{2-}$)=2.25]逐滴缓慢加入上述煤盐混合液中,剧烈搅拌,将体系控制在恒定 pH 值(10.0,10.5,11.0),于 75 ℃水浴晶化 24 h。产物经离心洗涤至无 Cl$^-$ 后,于 65 ℃真空干燥,得到不同 CLCs-w 复合材料,其中煤盐比 w 定义为煤与 AlCl$_3$·6H$_2$O 的质量比,$w=0,1.2,2.4,3.6$ 及 4.8。当 $w=0$ 时,得到 Zn$_1$Mg$_2$Al$_1$-CO$_3$-LDHs。

按照上述原位共沉淀法,调节煤盐比 $w=3.6$,控制金属盐溶液中 n(Zn^{2+})/n(Mg^{2+})/n(Al^{3+})比例 R 分别为 $1:1:1(R_1)$,$1:2:1(R_2)$,$1:3:1(R_3)$ 及 $1:4:1(R_4)$,将制备得到的产品分别命名为:CLCs-R_1,CLCs-R_2,CLCs-R_3 及 CLCs-R_4。

按照上述原位共沉淀法,调节 n(Zn^{2+})/n(Mg^{2+})/n(Al^{3+})比例 $R=R_2$,煤盐比 $w=3.6$,控制晶化 pH 分别为 9.5(P_1),10.5(P_3)及 11.0(P_4),将制备得到的产品分别命名为:CLCs-P_1,CLCs-P_3 及 CLCs-P_4。

对神府煤样进行脱灰处理或低温空气氧化处理,方法见 2.2 节。分别采用神府煤、脱灰煤以及低温空气氧化煤样为原料,调节 n(Zn^{2+})/n(Mg^{2+})/n(Al^{3+})比例 $R=R_2$,煤盐比 $w=3.6$,通过上述方法制备得到不同的 CLCs,并根据氧化温度 T_i($i=1$ 表示 $T=50$ ℃;$i=2$ 表示 $T=75$ ℃;$i=3$ 表示 $T=125$ ℃;$i=4$ 表示 $T=150$ ℃;$i=5$ 表示 $T=250$ ℃)、晶化时间 t(晶化时间分别为 48 h,72 h 和 96 h,氧化温度 $T=150$ ℃)不同,将样品分别进行标记,样品名称及实验条件见表 5-3。

表 5-3　　　　　　　　　　　不同样品的制备条件

样品名称	煤样类型	煤盐比 w(a.u.)	金属离子比例 R(a.u.)	氧化温度/℃	晶化时间/h
SFC	原煤	—	—	—	—
DSFC	脱灰煤	—	—	—	—
CLCs	原煤	3.6	R_2	—	24
DCLCs	脱灰煤	3.6	R_2	—	24

样品名称	煤样类型	煤盐比 w(a. u.)	金属离子比例 R(a. u.)	氧化温度/℃	晶化时间/h
OCLCs-T_1	氧化煤	3.6	R_2	50	24
OCLCs-T_2	氧化煤	3.6	R_2	75	24
OCLCs-T_3	氧化煤	3.6	R_2	125	24
OCLCs-T_4	氧化煤	3.6	R_2	150	24
OCLCs-T_5	氧化煤	3.6	R_2	200	24
OCLCs-T_6	氧化煤	3.6	R_2	250	24
OCLCs-t-2	氧化煤	3.6	R_2	150	48
OCLCs-t-3	氧化煤	3.6	R_2	150	72
OCLCs-t-4	氧化煤	3.6	R_2	150	96

5.1.3 结构及性能表征

（1）采用日本岛津公司生产的 XRD-7000 X 射线衍射仪，射线源 CuKa 靶，λ 为 0.154 04 nm，电压 40 kV，电流 30 mA，石墨单色器，扫描速度 0.15°/s，扫描步长 0.02°，角度范围 $2\theta=370°$。

（2）采用德国布鲁克公司生产的 Tensor27 型傅里叶变换红外光谱仪，将测试样品进行真空干燥，然后与干燥过的溴化钾混合、研磨压片。测试范围为 4 000～400 cm^{-1}，分辨率 4 cm^{-1}，扫描 32 次，利用 DTGS(氘化硫酸三苷肽)检测器进行检测。

（3）采用日立公司生产的 S4800 型冷场扫描电镜观察样品形貌。实验时将少量粉末样品涂在导电胶上，喷金后，直接固定在样品台上进行 SEM 观察。

（4）采用美国 TA 公司生产的 Q50 型热重分析仪，工作温度从室温到 600 ℃，升温速率 20 ℃/min，气氛为氮气，流量为 100 mL/min，样品质量为 8～10 mg。

5.2 结果与讨论

5.2.1 煤盐比对 CLCs 结构及形貌的影响

（1）XRD 分析

金属离子比例 $n(Zn^{2+})/n(Mg^{2+})/n(Al^{3+})=R_2=1:2:1$，晶化时间为 24 h，pH 值为 10.0，不同煤盐比时，制备 CLCs-w 复合材料(0,1.2,2.4,3.6 及 4.8)与神府煤的 XRD 分析结果如图 5-3 所示。

图 5-3 中 2θ 为 24.68°附近出现弥散的衍射宽峰，归因于峰中"微晶石墨片"的特征衍射峰。比较图 5-3(a)与(b)～(f)可以发现，随着煤盐比(w)的增加，CLCs 及 DCLCs 均在 11.36°、23.12°、34.64°处出现 LDHs 层状结构的(003)、(006)和(009)晶面的特征衍射峰。2θ 在 26.64°及 29.40°处由煤中矿物质 SiO_2 和 Al_2O_3 引起的肩峰逐渐升高，由 LDHs 引起的晶面衍射峰强度却逐渐降低，说明了神府煤降低 CLCs 的结晶度，并延长了其形成完整晶型所需的晶化时间。这是由于煤孔隙结构及大分子官能团决定了金属离子的络合平衡浓度，从而对 LDH 形成过程中金属离子的初始浓度造成影响。随着煤盐比增加，由于金属离子在煤表面吸附反应和与金属形成 LDHs 晶体的共沉淀反应相互竞争，金属离子处于不饱和

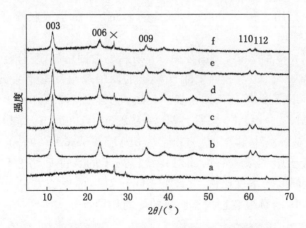

图 5-3　煤盐比(w)对 CLCs 的 XRD 谱图的影响

a——Shenfu coal；b——pure LDHs；c——$w=1.2$；d——$w=2.4$；e——$w=3.6$；f——$w=4.8$

状态，结晶过程的初期金属离子浓度会降低，从而导致 LDHs 晶核生长受到影响，导致晶格缺陷，导致 LDHs 生成时的结晶度将会降低。当煤盐比增加过大时，甚至会导致 LDHs 晶核生长终止。

（2）FTIR 分析

煤盐比对 CLCs-w 的 FTIR 的影响如图 5-4 所示。

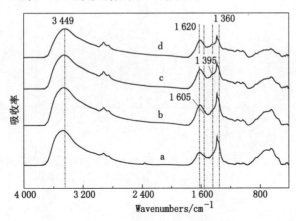

图 5-4　煤盐比(w)对 CLCs 的 FTIR 谱图的影响

a——$w=1.2$；b——$w=2.4$；c——$w=3.6$；d——$w=4.8$

由图可知，Zn/Mg/Al-LDHs 常见的 FTIR 特征峰主要有 419 cm^{-1}、427 cm^{-1}、559 cm^{-1}、616 cm^{-1} 和 771 cm^{-1} 处的 Al—OH 平移振动峰，412 cm^{-1}、559 cm^{-1}、616 cm^{-1} 处的 Mg—OH 平移振动峰，445 cm^{-1} 处为 Zn—OH 平移振动峰，以 3 449 cm^{-1} 为中心的宽峰归属于羟基层板和层间水分子的羟基伸缩振动峰，1 620 cm^{-1} 附近的峰归属于层间结构水的弯曲振动模式[6]。由图 5-4 可知，CLCs-w 均在 1 360 cm^{-1} 及 1 400 cm^{-1} 处出现归属于 CO$_3^{2-}$ 的伸缩振动峰，说明 CLCs-w 中 LDHs 主要是碳酸根型。在 1 605 cm^{-1} 和 1 395 cm^{-1} 处微弱的羧酸根离子的不对称及对称峰，与煤中的羧酸根离子相比，吸收峰均向低波数位移，说明煤大分子与 LDHs 的相互作用方式主要表现为煤中羧基等酸性官能团与 LDHs 层板羟基的弱氢键相互作用。在 2 920 cm^{-1} 及 2 850 cm^{-1} 处的弱吸收峰可归因于煤中脂肪链 C—H 的不对称伸缩峰。

不同煤盐比 CLCs-w 的 SEM 谱图如图 5-5 所示。由图可知,复合材料表面呈现纳米圆片状形貌特征。随着 w 增加,煤表面 LDHs 层板的团聚现象逐渐消失,纳米层板取向逐渐倾向于与表面垂直。EDX 数据分析结果表明,煤盐比为 1.2,2.4,3.6 时,煤中 LDHs 的金属离子 $n(Zn^{2+})/n(Mg^{2+})/n(Al^{3+})$ 的比例分别为 2.70:1.65:1,2.29:1.39:1,2.28:1.46:1。这相对于原溶液中的比例 $[n(Zn^{2+})/n(Mg^{2+})/n(Al^{3+})=1:2:1]$ 显著不同。这是由于神府煤大分子中的羧基官能团对锌镁铝离子的选择性络合作用,改变了煤表面 LDHs 生长环境中金属离子浓度比例,并改变 LDHs 晶体的生长方向。CLCs 制备过程中,神府煤大分子对 LDHs 的自组装过程有明显的导向作用。

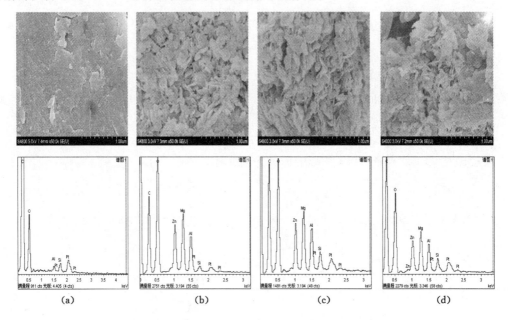

图 5-5　煤盐比(w)对 CLCs 的 SEM 图(上)及 EDX 结果(下)的影响
(a) $w=1.2$;(b) $w=2.4$;(c) $w=3.6$;(d) $w=4.8$

5.2.2　金属离子比例对 CLCs 结构及形貌的影响

(1) XRD 分析

晶化时间为 24 h,pH 为 10.0,煤盐比 $w=3.6$ 的条件下,金属离子比例 $R=n(Zn^{2+})/n(Mg^{2+})/n(Al^{3+})$ 对 CLCs 的 XRD 谱图的影响如图 5-6 所示。

由图 5-6 可知,随金属离子比例 R 的增加,CLCs 在 $2\theta=26.64°$ 及 $29.40°$ 附近由神府煤及其中矿物质 CaSO$_4$ 及 CaCO$_3$ 的特征峰强度几乎未发生变化,而由 LDHs 组分引起的特征衍射峰强度逐渐降低,这与 2.4.2 中金属离子比例(R)对纯 Zn/Mg/Al-CO$_3$-LDHs 的 XRD 的影响规律基本一致。

(2) FTIR 分析

金属离子比例(R)对 CLCs 的 FTIR 的影响如图 5-7 所示。由图可知,CLCs-R_1、CLCs-R_2、CLCs-R_3、与 CLCs-R_4 均在 1 360 cm^{-1} 处出现归属于 CO$_3^{2-}$ 的伸缩振动峰,说明 CLCs 中

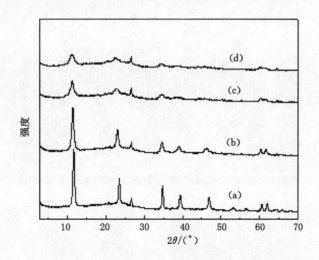

图 5-6　金属离子比例(R)对 CLCs 的 XRD 谱图的影响
(a) CLCs-R_1；(b) CLCs-R_2；(c) CLCs-R_3；(d) CLCs-R_4

主要是碳酸根型 LDHs 组分。CLCs-R_1、CLCs-R_2与 CLCs-R_4在 1 622～1 599 cm^{-1}波数范围内,出现了归属于芳环羰基(　C=O　)的特征衍射峰,而 1 605 cm^{-1}附近由神府煤的羧酸根离子的不对称振动峰与芳环羰基的振动峰重叠,并没有出现肩峰。在 2 920 cm^{-1}及 2 850 cm^{-1}处的弱吸收峰是由煤中脂肪链 C—H 的不对称伸缩引起的。随着金属离子比例的增加,3 600～3 240 cm^{-1}附近的吸收峰变宽增强,表明氧化煤与 LDHs 主体层板存在较强的氢键相互作用增强。

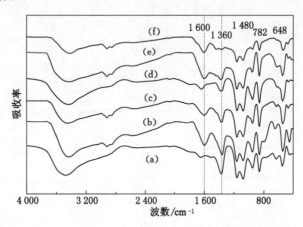

图 5-7　金属离子比例(R)对 CLCs 的 FTIR 的影响
(a) Zn$_1$Mg$_2$Al$_1$-CO$_3$-LDHs；(b) CLCs-R_1；
(c) CLCs-R_2；(d) CLCs-R_3；(e) CLCs-R_4；(f) SFC

　　金属离子比例(R)对 CLCs 形貌的影响如图 5-8 所示。由图可知,CLCs-R_1表面为近似圆片状 LDHs 堆积包覆于神府煤基复合材料表面;CLCs-R_2表面为片状 LDHs 杂乱分布包覆于神府煤基复合材料表面;CLCs-R_3表面为近似纤维状 LDHs 纳米颗粒单独或团聚覆盖于神府煤基复合材料表面;CLCs-R_4表面为 LDHs 微米级 LDHs 颗粒堆积包覆神府煤。随着金属离子比例的变化,神府煤造成复合材料中 Zn/Mg/Al-CO$_3$-LDHs 组分的晶格缺陷,与 XRD 分析结果一致。

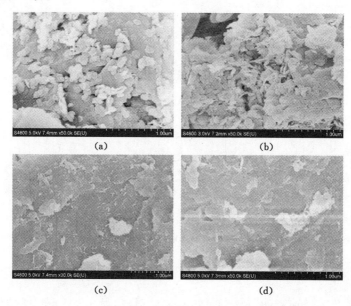

图 5-8　金属离子比例(R)对 CLCs 的 SEM 图的影响

(a) CLCs-R_1;(b) CLCs-R_2;(c) CLCs-R_3;(d) CLCs-R_4

5.2.3　晶化 pH 对 CLCs 结构的影响

金属离子比例 $n(Zn^{2+})/n(Mg^{2+})/n(Al^{3+})=R_2=1:2:1$,煤盐比 $w=3.6$,晶化时间 24 h,晶化 pH 对 CLCs 结构的影响如图 5-9 所示。

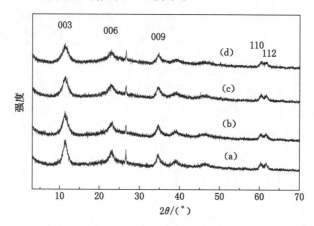

图 5-9　pH 对 CLCs 的 XRD 谱图的影响

(a) pH=9.5;(b) pH=10.0;(c) pH=10.5;(d) pH=11.0

研究表明,反应 pH 直接影响到 LDHs 产物的金属离子种类及比例,以及晶相的单一程度[1]。图 5-9 结果表明,pH 处于 9.5～10.5 之间,均可得到较高结晶度的 CLCs,pH=10 时,复合材料结晶度最好,pH 超过 10.5 后,复合材料的结晶度略微降低。

5.2.4　脱灰处理对 CLCs 结构的影响

脱灰处理对 CLCs 结构的影响如图 5-10 所示。

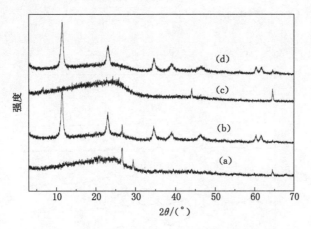

图 5-10　脱灰处理对 CLCs 的 XRD 谱图的影响
(a) SFC；(b) CLCs；(c) DSFC；(d) DCLCs

图 5-10(a)～(d)在 2θ 为 24.68°附近出现弥散的衍射宽峰，归因于煤中"微晶石墨片"的特征衍射峰。比较图 5-10(a)与(b)可以发现，神府煤经过脱灰处理后，2θ 在 26.48°和 29.39°处出现的尖峰消失，这说明神府煤及其 CLCs 在该处衍射峰为煤中的矿物质，混酸处理可以脱除煤中矿物质 SiO_2 和 Al_2O_3。比较图 5-10(b)与(d)发现，神府煤 2θ 为11.36°、23.13°、34.62°附近出现的 LDHs 特征衍射峰强度在脱灰前后没有发生显著变化，说明神府煤中的灰分几乎不影响 LDHs 的结晶度，不会对 CLCs 的特征峰位置产生显著影响。

为进一步探讨煤脱灰处理前后对 CLCs 形貌的影响，图 5-11 给出了 SEM 分析结果，结

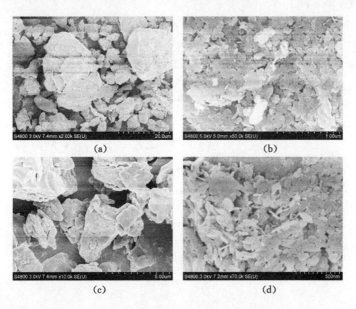

图 5-11　脱灰处理对 CLCs 的 SEM 图的影响
(a) SFC；(b) CLCs；(c) DSFC；(d) DCLCs

果表明,脱灰处理使得 SFC 的表面裂隙增多变大,而对 CLCs 的 LDHs 表面包覆规律几乎不存在影响。

5.2.5 氧化温度对 CLCs 结构的影响

（1）XRD 分析

氧化温度对 CLCs 的 XRD 谱图的影响如图 5-12 所示。

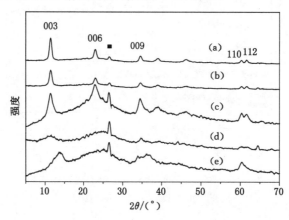

图 5-12 氧化温度对 CLCs 的 XRD 谱图的影响

(a) CLCs；(b) OCLCs-T_2；(c) OCLCs-T_4；(d) OCLCs-T_5；(e) OCLCs-T_6

由图可知,不同 OCLCs 均在 11.36°、23.12°、34.64°处出现 LDHs 层状结构的(003)、(006)和(009)晶面的特征衍射峰。CLCs 及 OCLCs-T_2 的峰形尖锐,基线低平,说明通过共沉淀法成功制备出了具有 LDHs 结构特征的复合材料。随着煤样氧化预处理温度的升高,OCLCs-T_4,OCLCs-T_5 及 OCLCs-T_6 中 LDHs 层状特征衍射峰的强度均减弱,随煤样的氧化程度提高,OCLCs 中 LDHs 的结晶度下降。

（2）FTIR 分析

CLCs 的 FTIR 谱图如图 5-13 所示,其相应的官能团归属见表 5-4。

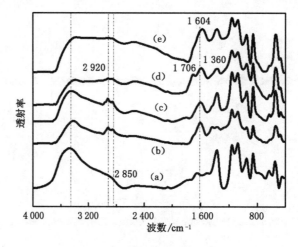

图 5-13 不同样品的 FTIR 谱图

(a) LDHs；(b) SFC；(c) CLCs；(d) OSFC-T_5；(e) OCLCs-T_5

表 5-4 不同样品的红外光谱特征峰归属

波段/cm⁻¹	归属	波数/cm⁻¹				
		OCLCs-T_5	OSFC-T_5	CLCs	SFC	LDHs
3 600～3 240	—OH，—NH，—NH₂	3 386	3 394	3 458	3 421	3 473
2 943～2 890	—CH₂	2 922	2 920	2 912	2 918	
1 750～1 680	RC=O	—	1 706	—	—	—
1 655～1 632	—OH	1 650				
1 622～1 599	C=O（Ar）	1 579	1 596	1 604	1 606	
1 400～1 350	—CO₃，C—O	1 367	1 367	1 367	1 365	1 371
1 330～1 132	C—C	—	1 159	1 163	1 163	1 161
971～710	C—H(Ar)	—	950	950	950	950
600～860	M—O—M (metal)	634	637	634	631	—

第 2 章中已讨论了神府煤氧化前后结构的变化，其主要变化特征与煤的氧化温度有关。神府煤经 200 ℃空气氧化后，主要特征是煤中黄腐殖酸等小分子物质含量增加，各种腐殖酸组分的相对分布及官能团结构的差异均受氧化温度的影响。

如图 5-13(a)和(c)所示，OCLCs-T_5 与 CLCs 的 FTIR 谱图相似，CLCs 仅在 2 920 cm⁻¹ 附近有脂肪官能团的吸收峰。OCLCs-T_5 在 3 600～3 240 cm⁻¹ 附近的吸收峰变宽增强，表明氧化煤与 LDHs 主体层板存在较强的氢键相互作用。由此可以进一步说明，OCLCs-T_5 具有较高的稳定性的原因。图 5-14 是不同 OCLCs 的 FTIR 谱图。复合材料在 1 367 cm⁻¹ 处出现归属于 CO₃²⁻ 的伸缩振动峰，说明 LDHs 主要是碳酸根型。由图 5-14 中(b)～(d)与第 2 章图 2-10 相比较，不同 CLCs 的 FTIR 特征与相应氧化煤的 FTIR 谱图一致。OCLCs 的 FTIR 之间差别主要归于两个方面，一是相应氧化煤的结构差异，二是煤的氧化程度不同，所导致的插层程度不同及其与层板相互作用不同，后者主要表现在 3 500 cm⁻¹ 附近吸收峰加宽或相关吸收峰的位移。

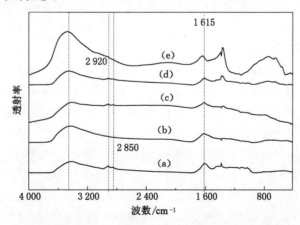

图 5-14 氧化温度对 CLCs 的 FTIR 谱图的影响
(a) CLCs；(b) OCLCs-T_1；(c) OCLCs-T_2；(d) OCLCs-T_3；(e) OCLCs-T_5

（3）SEM 分析

不同 OCLCs 的 SEM 和 EDS 分析结果如图 5-15 所示。比较图 5-15 可以发现，神府煤的氧化处理温度不同，其对应 OCLCs 的形貌特征不同。EDX 分析表明，煤表面主要由 C、H、O 元素组成，而 OCLCs 表面主要由 C、H、O、Zn、Mg、Al 元素组成，证明在煤表面形成了 Zn/Mg/Al-LDHs 三元 LDH 复合材料。随煤的氧化程度加深，复合材料 C 含量降低，Zn 原子比例先增加后减少，200 ℃时 Zn/Al 原子比例最大。

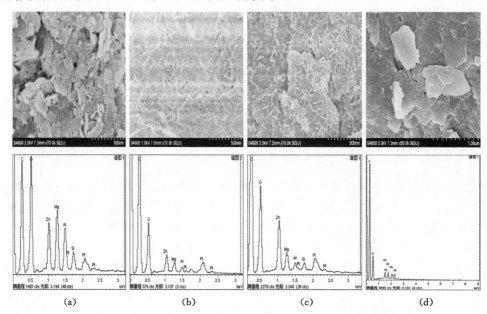

图 5-15　氧化温度对 CLCs 的 SEM 图（上）及 EDX 结果（下）的影响

(a) OCLCs-T_2；(b) OCLCs-T_3；(c) OCLCs-T_5；(d) OCLCs-T_6

OCLCs-T_5表面呈现纳米纤维结构特征，这表明，随着煤氧化处理温度的升高，OCLCs 表面 LDHs 纳米圆片状（直径为 50～150 nm，厚度为 2～10 nm）向纳米线（线长 50～100 nm，直径 1～3 nm）变化。结果表明，通过控制煤样的氧化处理温度，可以对复合材料表面 LDHs 的形貌进行调控。

5.2.6　CLCs 的结构调控机理

金属离子比例为 R_2，煤盐比 w 为 3.6 时，探讨了晶化时间变化对 CLCs 晶体结构的影响，结果如图 5-16 所示。由图可知，随着晶化时间的增加，LDHs 的特征衍射峰强度逐渐增强，且（003）晶面衍射峰由宽化峰向尖锐峰转变，说明复合材料的结晶度提高，晶化 24 h 后，复合材料的结晶度基本不再变化。

晶化时间对 OCLCs 的 XRD 谱图的影响如图 5-17 所示。由图 5-17 可知，晶化时间使 OCLCs 的结晶度逐渐减小。

晶化时间对 OCLCs 形貌结构的影响如图 5-18 所示。

由图 5-18 中 OSFC 的 SEM 图可见，氧化煤表面光滑平整。由图 5-18(a)～(d)可知，随晶化时间的延长，OCLCs 表面逐渐出现纳米瘤状结构，晶化 4 d 后，形成纳米纤维结构（直径为 50～100 nm，纤维长度为 50～500 nm）。结果进一步证明了氧化煤对 LDHs 的形貌具

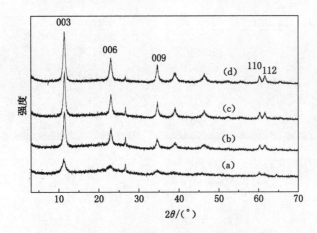

图 5-16 晶化时间(t)对 CLCs 的 XRD 谱图的影响

(a) $t=8$ h；(b) $t=16$ h；(c) $t=24$ h；(d) $t=48$ h

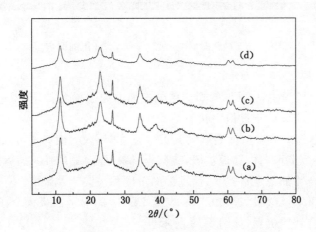

图 5-17 晶化时间对 OCLCs 的 XRD 谱图的影响

(a) $t=24$ h；(b) $t=48$ h；(c) $t=36$ h；(d) $t=72$ h

有调控作用。

根据上述实验结果，进一步探讨煤对 LDHs 形貌结构的调控机理。依据以下事实：

(1) 神府煤中有丰富的孔隙结构，最可机孔径为 0.865 nm，平均孔径 3.173 nm。

(2) 神府煤中含有腐殖酸，腐殖酸主要由黄腐殖酸、棕腐殖酸和黑腐殖酸组成，其分子量依次增加。

(3) 经氧化处理后，煤中腐殖酸产率增加，且随氧化深度增加，黄腐殖酸比例增加。

(4) 不同腐殖酸组分在 Zn/Mg/Al-LDHs 中的插层程度不同，黄腐殖酸分子可插入层间、棕腐殖酸分子则可能使层板撑开，黑腐殖酸仅部分子分子单元进入层间。

提出如下假设：

(1) 煤表面酸性官能团可与锌、镁和铝离子形成络合物，其络合物稳定性与其对离子的络合能力有关。

(2) 用锌、镁和铝离子溶液浸渍煤时，这些离子可以进入煤的孔道，并发生吸附。

(3) 锌、镁和铝离子优先在煤颗粒外表面发生吸附和络合。

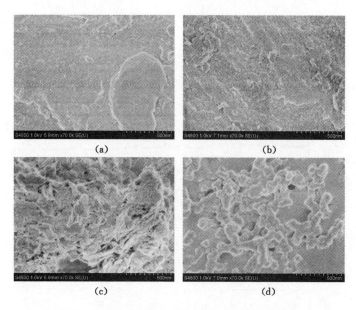

图 5-18　晶化时间对 OCLCs 的 SEM 图的影响

(a) $t=24$ h;(b) $t=48$ h;(c) $t=36$ h;(d) $t=72$ h

（4）原位共沉淀过程中,LDHs 的形成由外表面向内表面延伸,孔道中的内表面金属离子浓度由于毛细管效应而处于过饱和状态。

（5）当外表面金属离子发生沉淀形成 LDHs 晶体时,内表面离子可以向外表面扩散,并且只要时间足够,共沉淀可向内孔道扩展,直到全部离子形成 LDHs 晶体,这是由于这些离子与羧基形成的络合物的稳定常数小,而沉淀的溶度积较高。

基于上述实验事实及假设,提出 CLCs 表面 LDHs 的形貌的煤大分子金属离子络合平衡与孔道吸附的耦合调控机理,如图 5-19 所示。

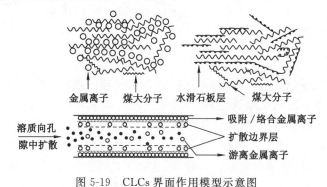

图 5-19　CLCs 界面作用模型示意图

5.3　本章小结

（1）通过共沉淀法可以制备出具有 LDHs 结构特征的 CLCs。由于吸附和络合作用,神府煤的孔隙结构及其酸性官能团决定了 CLCs 制备过程中溶液中金属离子的平衡浓度,从而导致 CLCs 的结晶度随煤的质量分数的增加而降低。

（2）煤经脱灰处理 CLCs 的结晶度影响较小。

（3）煤样的氧化程度越高，相应 CLCs 的结晶度下降；OCLCs 中煤大分子对 LDHs 插层程度不同，与层板之间氢键相互作用强度不同。

（4）神府煤的氧化处理温度不同，其对应 CLCs 的形貌特征也不同。随着煤氧化处理温度的升高，OCLCs 表面 LDHs 由纳米圆片状（直径为 $50\sim150$ nm，厚度为 $2\sim10$ nm）向纳米线变化，$OSFC_{200,24}$ 氧化煤对应 $OCLCs\text{-}T_5$ 表面呈现纳米纤维（长 $50\sim100$ nm，直径为 $1\sim3$ nm）结构特征。通过控制煤样的氧化处理温度及晶化时间，可以对复合材料表面 LDHs 的形貌进行调控。

（5）CLCs 表面 LDHs 的形貌调控是通过煤大分子金属离子络合平衡与孔道吸附的耦合作用进行的。

参 考 文 献

[1] 王海晖.中国矿井火灾安全与煤自燃现象研究[J].科技促进发展,2009(12):22-23.

[2] 张嫚妮,邓军,金永飞,等.煤自燃特性的油浴程序升温实验研究[J].煤矿安全,2010,41(11):7-10.

[3] 周新华,齐庆杰.基于模糊综合评判的煤自燃发火倾向性研究[J].煤田地质与勘探,2011,39(6):16-19,23.

[4] 舒新前,王祖讷,徐精彩,等.神府煤煤岩组分的结构特征及其差异[J].燃料化学学报,1996,24(5):426-433.

[5] 季伟,吴国光,孟献梁,等.神府煤孔隙特征及活性结构对自燃的影响研究[J].煤炭技术,2011,30(4):87-90.

[6] 章结兵,周安宁,张小里.双氧水氧化煤对煤基聚苯胺性能的影响[J].材料导报,2010,24(7):41-44.

6 CLCs 的热性能研究

神府煤是典型的不黏煤,燃点低,煤自燃倾向性高,已经发生过多次大规模自燃火灾,造成严重的资源损失和环境污染,增加了煤炭开采、运输和储存的难度,对人民的生命财产安全造成威胁[1]。

煤炭自燃预防新材料的研发是煤自燃防治技术中的关键问题。近年来,随着 LDHs 在聚合物阻燃领域的应用,其高效环保抑烟的阻燃性能,已经得到人们的广泛认可[2-5]。前期工作发现,Zn/Mg/Al-LDHs 的热稳定性与其中的金属元素的比例有关,镁离子增加,则热稳定性降低,热分解温度范围变宽,Zn/Mg/Al-HAs-LDHs 具有较宽的热分解温度范围和较高的吸热量。将 Zn/Mg/Al-LDHs 作为煤自燃预防和防止自燃火灾蔓延的阻燃材料进行开发应用,还需要对 CLC 复合材料热性能及其预防煤炭自燃机理进行深入系统研究。

本章在氧化煤组成结构、Zn/Mg/Al-LDHs 和 CLCs 的制备结构和性能的基础上,分别采用机械混合和原位共沉淀法制备 LDHs-煤复配材料及 CLCs,采用热重分析、差示扫描量热分析等方法,系统研究 LDHs-煤复配材料及 CLCs 的热性能,探讨该复合材料在煤低温氧化过程中的作用规律,揭示 LDHs 的含量及种类对煤自燃过程的预防及控制模型,以及对后期煤炭自燃的阻燃作用模型。

6.1 实 验 部 分

6.1.1 实验原料及仪器

实验煤样为采自神府矿区张家峁煤矿 3^{-1} 长焰煤。SFC 的工业分析和元素分析见表 2-3。实验用主要试剂见表 6-1。

表 6-1   主要试剂

试剂名称	级别	生产厂家
氯化锌($ZnCl_2$)	A. R.	郑州派尼化学试剂厂
氯化镁($MgCl_2 \cdot 6H_2O$)	A. R.	郑州派尼化学试剂厂
结晶氯化铝($AlCl_3 \cdot 6H_2O$)	A. R.	陇西化工股份有限公司
氢氧化钠(NaOH)	A. R.	天津市河东区红岩试剂厂
无水碳酸钠(Na_2CO_3)	A. R.	西安化学试剂厂

主要仪器和设备列于表 6-2。

表 6-2	实验仪器及设备	
实验仪器	型号	生产厂家
密封式化验制样粉碎机	F77-GJ100	江西省南昌华南化验制样机厂
微波搅拌球磨机	自制	西安科技大学
激光粒度分析仪	LS230	美国贝克曼库尔特公司
电子天平	FA2004N	上海精密科学仪器有限公司
电动搅拌器	JJ-1	江苏金坛市正基仪器有限公司
恒温水浴锅	HH-S4	北京科伟永兴仪器有限公司
离心机	TD5B	长沙英泰仪器有限公司
真空干燥箱	DZF	北京中兴伟业仪器有限公司
X 射线衍射仪	XRD-7000	日本岛津公司
傅里叶变换红外光谱仪	Tensor27	德国布鲁克公司
扫描电镜	S4800	日本日立公司
热重分析仪	Q50	美国 TA 公司
差示扫描量热仪	DSC 2000 PC	德国耐驰仪器制造公司
同步热分析仪	TGA/DSC 1	美国梅特勒-托利多公司

6.1.2　Zn/Mg/Al-LDHs 的制备

Zn/Mg/Al-LDHs 的制备方法同 3.1.3 节,用共沉淀法制备。Zn/Al-LDHs、Mg/Al-LDHs 制备方法同 Zn/Mg/Al-LDHs,只是金属离子比例不同。

6.1.3　Zn/Mg/Al-LDHs/神府煤复合材料的制备

CLCs 的制备方法同 5.1.2 节,用原位共沉淀法制备。

6.1.4　神府煤与 Zn/Mg/Al-LDHs 复配材料的制备

神府煤与 Zn/Mg/Al-LDHs 复配材料的制备采用机械研磨法进行,工艺流程如图 6-1 所示。取 2 g 煤样置于研钵中,按比例要求(添加量为 5%、10%、15%、20% 及 25%),将一定量 $Zn_xMg_yAl_z$-LDHs 加入 2.0 g 神府煤中,研磨 5 min,所得样品记为 SFC-LDHs-x,其中 x 为复配的比例。

图 6-1　复配材料的制备工艺流程

6.1.5　结构及性能表征

煤样及 CLCs 的 XRD、FTIR、SEM、TG、DSC 分析同 3.1.4 节。

TG/DSC 分析:采用美国梅特勒-托利多公司生产的 TGA/DSC 1 同步热分析仪,工作温度从室温到 600 ℃,升温速率为 20 ℃/min,工作气氛为空气,流量为 100 mL/min,样品质量为 8~10 mg。

6.2 结果与讨论

6.2.1 神府煤自燃特征温度的测定

煤的结构具有显著的复杂性和多样性,不同结构单元活性不同。在煤自燃过程中,煤中活性不同的结构单元,在某一特定温度下,参与低温氧化反应,在热重曲线上则体现为该温度下煤样的失重量及热失重速率的不同。因而,可利用热重分析研究煤自燃过程中的特征温度点,并通过比较不同条件下特征温度点的变化,获得外界条件变化对煤自燃过程的影响规律[6-10]。

根据热重分析的 TG-DTG 曲线,可以得到 6 个特征温度点。神府煤空气气氛中的 TG-DTG 曲线如图 6-2(a)所示。由图 6-2(a)可知,煤的空气氧化可分为三个阶段:煤及氧化气体产物的物理化学脱附失重阶段(30～150 ℃,室温至干裂温度 T_2),煤对空气中氧气吸附增重阶段(160～300 ℃,T_2 至着火点 T_4)以及煤燃烧热分解失重阶段(300～600 ℃,T_4 至失重终温 T_7)[6]。

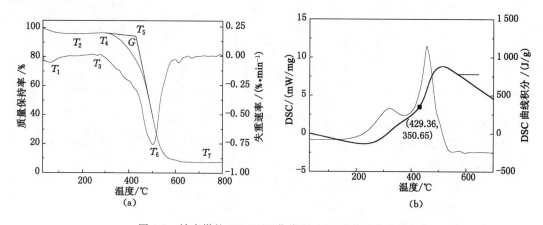

图 6-2 神府煤的 TG-DTG 曲线和 DSC 及其积分曲线

(a) TG-DTG 曲线;(b) DSC 及其积分曲线

临界温度 T_1(40～70 ℃)为第一个失重速率最大点,也是第一失重阶段 DTG 上的最低点。此时,煤对气体的物理吸附过程及脱附过程达到动态平衡,煤从加速失重向减速失重过程转变。

干裂温度 T_2(140～160 ℃)是煤结构中的侧链官能团参与氧化反应的初始温度。侧链小分子逐渐从煤主体结构中断裂,以气体形式逸出。此时气体产物如乙烯、乙烷等逐渐产生。此时,煤样从失重状态向吸氧增重阶段过渡。

增速温度 T_3 是煤对氧气吸附增重阶段中增重速率极大值点。随着煤中气体脱附,在煤表面形成大量空活性位点,煤对氧气的吸附量剧增,逐渐大于脱附和反应产生气体量,煤样质量快速增加。由于煤表面活性位点有限,且氧化反应的逐渐加剧,温度达到 T_3 后,煤样增重速度有所降低。

着火温度 T_4(250～300 ℃)是煤氧质量比极大值点的温度,是煤样增重阶段的终点。此时,随着煤表面活性结构数量剧增,芳环开始参与氧化反应,产生大量 CO 及 CO_2 等小分子有机气体,放出大量热量,煤样质量开始急剧下降,标志着挥发物开始燃烧,到达了煤样的起始燃烧温度 T_5,即 429.36 ℃。

起始燃烧温度 T_5 采用切线法获取。即在 DTG 曲线上,过峰值 E 点作垂线与 TG 曲线相交于一点 F,过 F 点作 TG 曲线的切线与 TG 开始曲线的平行线相交于 G 点,G 点所对应的温度就是 T_5。

最大失重速率点温度 T_6 为 457 ℃。此时煤分子内部发生了剧烈的化学反应,一氧化碳产生率、耗氧速率急剧增加,升温速度急剧加快,气体大量产生,煤样加速失重,但随着反应物浓度的消耗,温度大于 T_6 后减速失重。

通过 DSC 曲线可以确定煤炭氧化过程中的吸放热规律,DSC 吸放热峰面积大小可定性描述煤炭升温过程中的吸放热反应焓变,面积越小,反应吸放热值越低。图 6-2(b)是神府煤空气气氛的 DSC 及其积分曲线。由图所知,神府煤燃点温度对应热释放量为 350.65 J/g。

6.2.2　CLCs 热性能的影响因素

(1) 煤盐比对 CLCs 热性能的影响

金属离子比例 $n(Zn^{2+})/n(Mg^{2+})/n(Al^{3+})=1:2:1$,晶化时间为 24 h,pH 为 10.0,不同煤盐比条件下,所得 CLCs-w 复合材料(其中煤盐比 w 分别等于 0,1.2,2.4,3.6 及 4.8)的 TG 曲线如图 6-3 所示,DSC 曲线如图 6-4 所示。空气气氛中,CLCs 的热分解初始温度和热失重量总体上处于 $Zn_1Mg_2Al_1$-CO_3-LDHs 和神府煤之间。与原煤相比,CLCs-w 的热分解温度降低,分解后残渣量均大于理论值,说明 $Zn_1Mg_2Al_1$-CO_3-LDHs 有助于阻隔煤组分对氧的吸附,减弱了煤的氧化分解程度,提高了残碳量。随着煤盐比 w 的减小,即 $Zn_1Mg_2Al_1$-CO_3-LDHs 组分在 CLCs 中的比例增加,CLCs 的热失重量减少,残碳量增加。由图可知,在 380~600 ℃ 范围内 CLCs 氧化放热量随着 w 的增加而显著升高,说明 CLCs 中 $Zn_1Mg_2Al_1$-CO_3-LDHs 可以在热氧化分解中有效转移煤氧化分解释放的热量,从而提高 CLCs 的阻燃性,归因于 $Zn_1Mg_2Al_1$-CO_3-LDHs 热分解过程吸热效应。

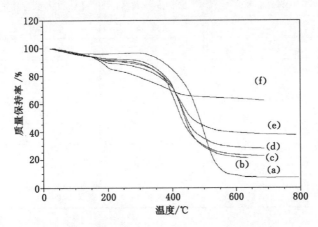

图 6-3　煤盐比(w)对 CLCs-w 的 TG 曲线的影响

(a) SFC;(b) $w=4.8$;(c) $w=3.6$;(d) $w=2.4$;(e) $w=1.2$;

(f) $Zn_1Mg_2Al_1$-CO_3-LDHs

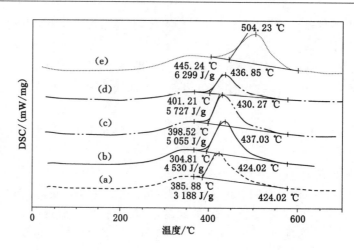

图 6-4　煤盐比(w)对 CLCs-w 的 DSC 曲线的影响

(a) $w=1.2$;(b) $w=2.4$;(c) $w=3.6$;(d) $w=4.8$;(e) SFC

（2）脱灰处理对 CLCs 热性能的影响

采用 TG 分析研究了脱灰处理对神府煤样及 CLCs 在空气气氛下的热性能的影响,见表 6-3 和图 6-5。

表 6-3　　　　　　　　　　脱灰处理对神府煤及 CLCs 的热性能参数的影响

样品	SFC	DSFC	CLCs	DCLCs
煤低温氧化过程温度范围/℃	30～276.88	30～252.19	30～249.75	30～236.83
煤自燃临界温度/℃	65.80	69.70	67.78	72.16
低温氧化失重量/%	3.299	5.749	7.799	9.708
煤燃烧温度范围/℃	276.88～621.14	252.19～647.94	249.75～627.61	236.83～686.63
燃烧峰温/℃	495.91	498.58	421.13	416.24
燃煤失重量/%	89.06	93.92	68.20	71.26
层板—OH 及层间 CO_3^{2-} 脱除温度范围/℃	—	—	197.70～624.91	217.72～606.15
层板—OH 脱除峰温/℃	—	—	404.74	391.60
层间 CO_3^{2-} 脱除峰温/℃	—	—	431.63	421.00
层板—OH 及层间 CO_3^{2-} 脱除失重量/%	—	—	—	—
残渣量/%	7.55	0.29	22.72	19.02

由表 6-3 和图 6-5 可知,神府煤、脱灰神府煤、CLCs 及 DCLCs 的自燃临界温度分别为 65.80 ℃、69.70 ℃、67.78 ℃、72.16 ℃,由此可知神府煤中矿物质以及 LDHs 均可以提高自燃临界温度,降低神府煤的自燃倾向性[11-13]。由表可知,CLCs 及 DCLCs 均有较高的失重量,说明复合材料分解或挥发逸出物较多,从而可以带出较多显热,从而提高了自燃临界

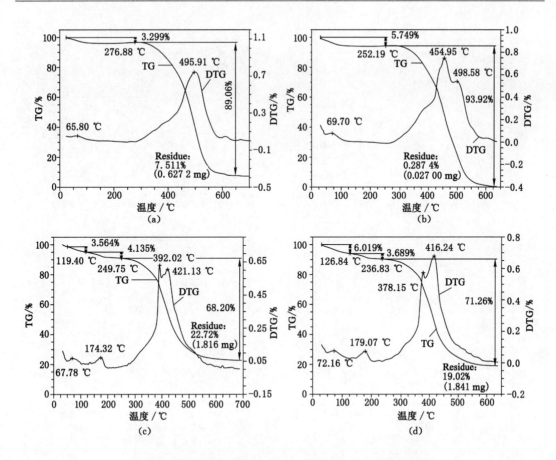

图 6-5　脱灰处理对神府煤及 CLCs 的 TG-DTG 曲线的影响

(a) SFC；(b) DSFC；(c) CLCs-3.6；(d) DCLCs

温度。

CLCs 及 DCLCs 的煤着火点温度和燃烧峰温比对应的神府煤、脱灰神府煤低，这表明，LDHs 对于煤的脱水碳化有一定促进作用[14-16]，碳化层产物可以阻隔煤对氧气的吸附及氧化反应。此外，CLCs 及 DCLCs 的热分析残渣量分别为 22.72%、19.02% 均大于相应理论计算值，依据炭化阻燃机理[17-19]可知，CLCs 具有一定阻燃性能，可以防止煤炭自燃火灾的蔓延。

综上所述，将 LDHs 与神府煤复合，可以有效预防神府煤的自燃，并且可克服常规含卤阻化剂或黄泥类阻化材料对煤质和煤利用的影响。此外，CLCs 有望应用于聚合物阻燃剂配方中，作为无卤阻燃添加剂，提高聚合物的阻燃效果，这将在后面章节中作进一步讨论。

（3）煤氧化处理对 CLCs 热性能的影响

利用 TG/DSC 同步热分析进一步研究了煤样的氧化处理对 CLCs 热性能的影响，结果如图 6-6 所示。

由图 6-6 可知，复合材料 CLCs、OCLCs-T_2、OCLCs-T_3 的表面吸附水与层间水的脱除过程基本一致，均在 75 ℃ 及 174 ℃ 附近存在 2 个失重峰，而 OCLCs-T_5 仅在 75 ℃ 出现因表面吸附水的脱除所引起的失重峰。前面已讨论，OCLCs-T_5 的形貌特征与其他温度下 OCLCs

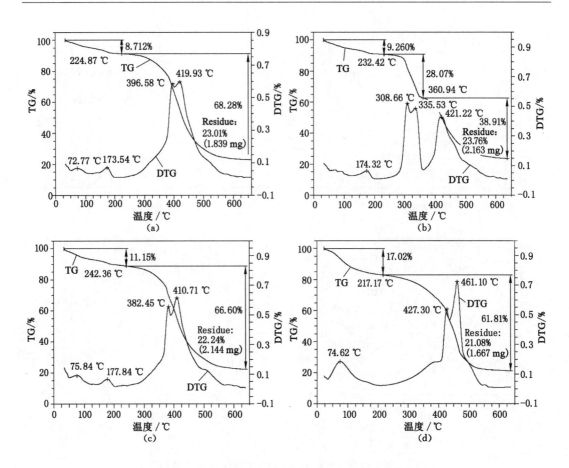

图 6-6　氧化温度对 OCLCs 的 TG-DTG 曲线的影响

(a) CLCs；(b) OCLCs-T_2；(c) OCLCs-T_3；(d) OCLCs-T_5

不同，OCLCs-T_5 表面 LDHs 呈纤维状，使其层间水脱除温度降低。煤样的氧化温度提高，其相应的 OCLCs 低温下的干燥脱水失重量相应增加。OCLCs 热分解阶段是由 LDHs 层板羟基及层间阴离子的脱除，以及煤燃烧等过程叠加在一起的复杂过程。如图 6-7(b) 所示，OCLCs-T_2 在 174.32 ℃ 之后出现 2 个失重阶段，与 CLCs[图 6-7(a)] 相比，层板羟基及阴离子脱除失重峰温从 398.58 ℃ 前移并分裂为 308.68 ℃、335.53 ℃ 两个尖峰，而煤燃烧失重峰则由 419.93 ℃ 后移至 421.22 ℃。OCLCs-T-125 的第二失重阶段的峰温，分别为 382.45 ℃、410.71 ℃，均低于 CLCs。OCLCs-T-200 的第二失重阶段的峰温，分别为 427.30 ℃、461.10 ℃，高于 CLCs，且失重量显著降低。相同条件下，OCLCs 热分解残渣量基本一致。

综上可知，煤样的氧化程度对 OCLCs 的热稳定性有一定影响。中等氧化程度煤的 OCLCs 热稳定性较低。煤的氧化深度与氧化温度有关，氧化温度越高，其氧化程度越高，煤中的酸性基团含量增加程度越大，小分子黄腐殖酸越多，越有助于在 LDHs 中插层，从而提高复合材料的协同作用，导致其热性能提高。

(4) 金属离子比例对 CLCs 热性能的影响

晶化时间为 24 h，pH 为 10.0，煤盐比 $w=3.6$ 的条件下，金属离子比例 $R[n(\mathrm{Zn}^{2+})/$

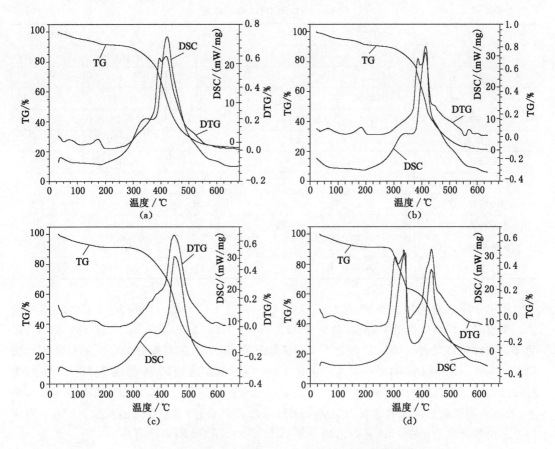

图 6-7　金属离子比例对 CLCs 的 TG-DSC 曲线的影响

(a) CLCs-R_1；(b) CLCs-R_2；(c) CLCs-R_3；(d) CLCs-R_4

$n(Mg^{2+})/n(Al^{3+})$]对 CLCs 的 XRD 谱图影响如图 6-7 所示。热性能参数见表 6-4。由图 6-7可知，复合材料的热分解趋势与金属离子比例无关。在第一失重阶段，随着镁离子比例的增加，复合材料的临界温度（第一失重阶段峰温）逐渐升高，分别为 64.03 ℃、66.92 ℃、67.82 ℃和 75.34 ℃，且均高于原煤的临界温度 60.80 ℃。说明了复合材料中 LDHs 对煤的自燃防治效果随着金属离子比例 R 升高而更加显著。与原煤相比，复合材料在该阶段的失重量先增加后减小，$n(Zn^{2+})/n(Mg^{2+})/n(Al^{3+})=1：3：1$ 时失重量最大，说明复合材料中水分含量最高。在第二失重阶段，随着金属离子比例 R 的增加，复合材料的结合水脱除峰温及含量均先减小后增加，$n(Zn^{2+})/n(Mg^{2+})/n(Al^{3+})=1：3：1$ 时，复合材料的结合水含量最小且易脱除；在第三失重阶段，复合材料 CLCs-R_1、CLCs-R_2 和 CLCs-R_3 中 LDHs 层板—OH 及 CO_3^{2-} 的脱除峰温分别为 383.06 ℃、391.24 ℃、444.88 ℃，且均高于纯 LDHs 的脱除峰温，说明这些复合材料中 LDHs 的热稳定性显著提高。而对于复合材料 CLCs-R_4 中的 $Zn_1Mg_4Al_1$-CO_3-LDHs 的分解温度出现在 304.61 ℃及 335.61 ℃，较纯 LDHs 的热分解峰温 370.59 ℃显著降低，说明 LDHs 的热稳定性大大降低。也说明随着镁原子含量的增加，CLCs 中 LDHs 热稳定性先增加后减小，这可能是由于煤与 LDHs 的相互作用减弱引起的。

表 6-4		CLCs 的 TG 和 DTG 分析结果			
样品	SFC	CLCs-R_1	CLCs-R_2	CLCs-R_3	CLCs-R_4
第一失重范围温度/℃	30~183.77	30~126.67	30~128.70	30~128.66	30~110.79
失重峰温/℃	60.80	64.03	66.92	67.82	75.34
失重量/%	3.966	5.086	5.231	6.098	5.683
第二失重范围温度(Δ_2)/℃	183.77~285.56	126.67~247.11	128.70~275.83	128.66~246.64	110.79~226.96
失重峰温/℃	248.38	186.22	174.73	158.54	223.72
失重量/%	0.713	4.314	3.551	2.214	3.172
第三失重范围温度(Δ_3)/℃	285.56~696.37	247.11~629.57	275.83~680.52	246.64~632.88	226.96~632.88
失重峰温 1/℃	—	383.06	391.24	444.88	304.61、335.01
失重峰温 2/℃	500.07	415.81	420.60	444.88	434.37
失重量/%	89.42	69.38	68.50	68.90	70.03
残渣量/%	7.568	21.22	22.72	22.79	21.12

相对于原煤的热分解峰温(500.07 ℃),CLCs-R_1、CLCs-R_2、CLCs-R_3 及 CLCs-R_4 中的第二失重峰温均向低温方向移动,分别为 415.81 ℃、420.60 ℃、444.88 ℃ 及 434.37 ℃,说明煤的热稳定性随着 LDHs 的化学添加而显著降低,但 LDHs 对煤热稳定性的降低程度按照 CLCs-R_1、CLCs-R_2、CLCs-R_4、CLCs-R_3 的顺序递减,总残渣量则逐渐增大,分别为 21.22%、22.72%、22.79% 及 21.12%。与等添加量的物理复合样品相比,残渣量均有所增加,进一步说明通过原位共沉淀方法将 LDHs 及煤样复合,可有效提高残炭量。LDHs 对煤热稳定性的降低效果按 CLCs-R_3、CLCs-R_4、CLCs-R_2、CLCs-R_1 顺序递减。

6.2.3 SFC-LDHs 复配材料的热性能

为了进一步阐明 CLCs 所呈现的阻燃性能,我们选用 Zn_2Al-CO_3-LDHs、Mg_2Al-CO_3-LDHs 及 $Zn_1Mg_1Al_1$-CO_3-LDHs 作阻燃剂,采用机械研磨方法与神府煤混合,以制备不同复配比例的 SFC-LDHs 复配材料,对比了机械添加 LDHs 对神府煤自燃倾向性的影响规律。

添加量对 SFC-(Zn_2Al-LDHs)复配材料的 TG-DTG 影响如图 6-8 所示。由图 6-8 可知,SFC-(Zn_2Al-LDHs)复配材料的热氧化过程大致分为 2~3 个阶段,第一阶段从室温至 150 ℃,失重大约占总失重的 10%。第二阶段为 160~280 ℃,Zn_2Al-CO_3-LDHs 的结合水的吸热脱除引起的失重过程和煤的吸氧增重过程同时进行。因此,当 LDHs 的添加量大于某特定值时,SFC-(Zn_2Al-LDHs)复配材料第二个阶段逐渐由增重阶段转变为失重阶段。第三阶段为 300~500 ℃,发生强烈氧化分解,TG 曲线陡然下降,总失重约为 60%。该阶段中,该复配材料中 Zn_2Al-CO_3-LDHs 的层板羟基吸热脱除引起的失重过程和煤的着火燃烧失重过程同时进行。

随着添加量的升高,Zn_2Al-CO_3-LDHs、Mg_2Al-CO_3-LDHs 及 $Zn_1Mg_1Al_1$-CO_3-LDHs 对复配材料的特征温度点的影响情况分别见表 6-5~表 6-7 及图 6-9~图 6-12。由图可知,三种 LDHs 均可导致煤样的临界温度 T_1 升高,因此,初步证明 LDHs 的吸热分解可导致神府煤的自燃倾向性降低。Zn_2Al-CO_3-LDHs、Mg_2Al-CO_3-LDHs 及 $Zn_1Mg_1Al_1$-CO_3-LDHs 添加量分别为 3%、5% 和 15% 时临界温度最高。

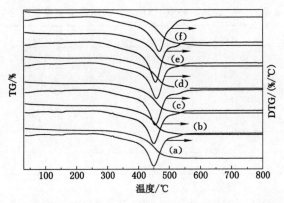

图 6-8 添加量对 SFC-(Zn_2Al-CO_3-LDHs)的 TG-DTG 曲线的影响

(a) 25％;(b) 20％;(c) 15％;(d) 10％;(e) 5％;(f) SFC

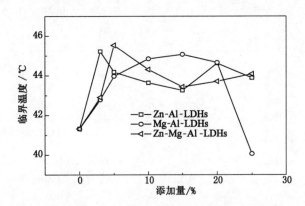

图 6-9 添加量对 SFC-LDHs 复配材料的特征温度点 T_1 的影响

表 6-5 添加量对 SFC-(Zn_2Al-CO_3-LDHs)的特征温度点的影响

添加量/%(wt)	T_1/℃	T_2/℃	T_3/℃	T_4/℃	T_5/℃	T_6/℃	T_7/℃
0	41.32	152.25	240.19	272.85	415.77	468.36	500.73
5	44.18	164.60	239.92	268.13	410.17	455.72	626.89
10	43.64	186.02	239.65	262.25	412.21	458.89	647.60
15	43.26	194.86	242.15	259.19	408.83	454.77	588.26
20	44.62	—	—	253.51	404.05	449.99	734.92
25	43.88	—	—	253.86	403.43	449.82	697.79

表 6-6 添加量对 SFC-(Mg_2Al-CO_3-LDHs)的特征温度点的影响

添加量/%(wt)	T_1/℃	T_2/℃	T_3/℃	T_4/℃	T_5/℃	T_6/℃	T_7/℃
0	41.32	152.25	240.19	272.85	415.77	468.36	693.33
5	43.97	186.73	239.88	268.46	412.13	468.08	653.50
10	44.85	197.81	240.27	267.18	412.21	465.47	634.21
15	45.07	197.54	239.21	266.92	407.08	466.17	642.35
20	44.66	202.50	238.93	264.11	407.87	464.98	647.33
25	40.06	202.45	239.35	266.70	405.77	467.78	683.33

表 6-7　　　　添加量对 SFC-($Zn_1 Mg_1 Al_1$-CO_3-LDHs)的特征温度点的影响

添加量/%(wt)	T_1/℃	T_2/℃	T_3/℃	T_4/℃	T_5/℃	T_6/℃	T_7/℃
0	41.32	152.25	240.19	272.85	415.77	468.36	693.33
5	45.54	179.13	241.74	265.85	408.50	465.06	725.51
10	44.31	181.29	240.68	263.96	412.31	467.00	675.11
15	43.43	182.89	240.34	260.53	412.54	468.15	688.31
20	43.71	—	—	244.49	410.72	464.02	734.44
25	44.08	—	—	239.32	410.55	462.99	740.39

干裂温度 T_2 随着 LDHs 添加量的增加而呈现有规律的递增。$Zn_2 Al$-CO_3-LDHs 添加量与干裂温度之间符合线性变化规律,拟合曲线为 $y = 152.045 + 2.985x$,$R^2 = 0.965$。$Mg_2 Al$-CO_3-LDHs 和 $Zn_1 Mg_1 Al_1$-CO_3-LDHs 添加量与 T_2 之间符合指数变化规律。拟合情况见图 6-10。

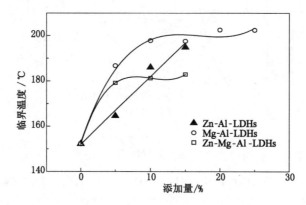

图 6-10　添加量对 SFC-LDHs 复配材料的特征温度点 T_2 的影响

增速温度 T_3 则随着 LDHs 添加量的升高及增重阶段的消失而失去其原有物理意义。

与原煤的着火温度 T_4 不同,复配材料的第三失重阶段初始温度 T_4,标志了复配材料 LDHs 吸热脱除层板羟基引起的失重过程与煤大分子中的缩合芳环的剧烈氧化失重过程共同作用。如图 6-11(b)所示,随着添加量的增加,三种 LDHs 均导致煤样的 T_4 降低,且作用效果遵循 $Mg_2 Al$-CO_3-LDHs> $Zn_2 Al$-CO_3-LDHs>$Zn_1 Mg_1 Al_1$-CO_3-LDHs。对比分析三种 LDHs 的失重过程(表 3-8),温度为 T_4 时,失重速率为 $Mg_2 Al$-CO_3-LDHs>$Zn_2 Al$-CO_3-LDHs>$Zn_1 Mg_1 Al_1$-CO_3-LDHs,与复配材料的 T_4 变化规律一致。因此,不能用复配材料 T_4 简单地表征煤的着火温度。

原煤的 T_5 为根据 TG 曲线计算得到的起始燃烧温度。以同样方法对复配材料的 TG 曲线处理,得到复配材料 T_5 随着 LDHs 添加量的变化曲线如图 6-11(c)所示。随着添加量升高,三种 LDHs 与煤的复配材料的 T_5 均降低。添加量小于 15% 时,与 LDHs 在 T_5 时的失重速率一致,为 $Mg_2 Al$-CO_3-LDHs<$Zn_2 Al$-CO_3-LDHs<$Zn_1 Mg_1 Al_1$-CO_3-LDHs。添加量大于 15% 时,LDHs 对煤起始着火温度 T_5 的影响与 LDHs 在 T_5 时的失重速率无明显相关性。因此,LDHs 添加量大于 15% 时,复配材料 T_5 随添加量的变化就可归因于 LDHs 的影

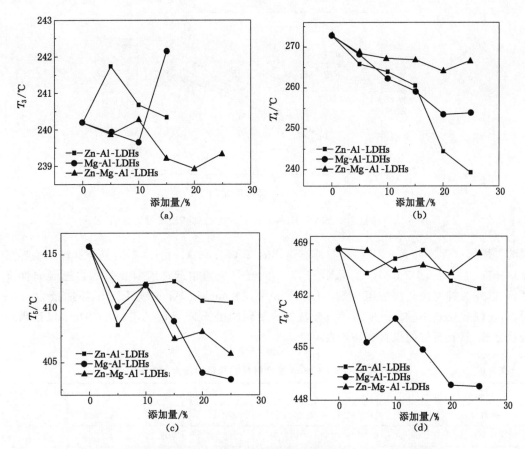

图 6-11 添加量对 SFC-LDHs 复配材料的特征温度点($T_3 \sim T_6$)的影响

(a) T_3；(b) T_4；(c) T_5；(d) T_6

响。尽管复配材料中 LDHs 在热分解过程中能够吸收一部分煤氧化所需热量,且释放出 CO_2、H_2O 等稀释空气中氧气浓度,从而可以起到一定的阻燃作用,且 LDHs 的吸热分解有助于促进防止煤炭燃烧的阻隔炭层的形成,复配材料的起始热分解温度 T_5 降低。

第三失重阶段的失重速率峰温 T_6 随着 LDHs 添加量的升高而降低,再次证明 LDHs 参与并促进煤阻燃炭层的形成,其中 Zn_2Al-CO_3-LDHs 效果较显著。

复配材料的热分解最终残渣随着 LDHs 添加量的变化规律如图 6-12 所示。由图可知,随着 LDHs 添加量的增加,复配材料残渣质量与 LDHs 添加量存在线性相关。对于 Zn_2Al-CO_3-LDHs 为 $Y = 0.417x + 11.705$($R^2 = 0.938\ 1$),Mg_2Al-CO_3-LDHs 为 $Y = 0.507x + 11.063$($R^2 = 0.835\ 1$),$Zn_1Mg_1Al_1$-CO_3-LDHs 为 $Y = 0.320x + 12.942$($R^2 = 0.897\ 1$)。

6.2.4 OSFC-LDHs 复配材料的热性能

将定量纯 $Zn_1Mg_2Al_1$-CO_3-LDHs 加入 20 g 神府氧化煤 $OSFC_{200,24}$ 中,机械研磨制备神府氧化煤与 LDHs 的复配材料样品,记为 OCLCm,其中 m 表示机械共混制备方法,LDHs 的添加量分别为 5%、10%、15%、20% 及 25% 时,将产物分别记为 OCLCm-5%、OCLCm-10%、OCLCm-15%、OCLCm-20% 及 OCLCm-25%。

表 6-8 所列为神府煤及不同 OCLCm 复合材料的特征温度点。临界温度 T_1 可以体现

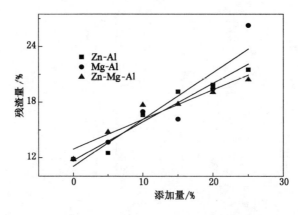

图 6-12　添加量对 SFC-LDHs 复配材料热分解残渣质量的影响

煤的自燃倾向性。如表 6-8 所列,与神府煤样的 T_1(64.32 ℃)相比,不同复合材料的临界温度均升高,初步证明 $Zn_1Mg_2Al_1$-CO_3-LDHs 的吸热失重引起神府氧化煤的自燃倾向性降低,可以作为神府氧化煤的阻化剂。OCLCm 中,当 $Zn_1Mg_2Al_1$-CO_3-LDHs 添加量为 15% 时,防止煤自燃效果较好。原位共沉淀法复合材料中由于 $Zn_1Mg_2Al_1$-CO_3-LDHs 以纳米纤维状分散,具有更好的煤自燃防治效果。

表 6-8　　　　　　　　神府煤及不同 OCLCm 复合材料的特征温度点的影响

样品	$T_1/℃$	$T_2/℃$	$T_3/℃$	$T_4/℃$	$T_5/℃$	$T_6/℃$	$T_7/℃$
神府煤	64.32	152.25	240.19	272.85	415.77	457.36	693.33
OCLCm-5%	68.54	179.13	241.74	265.85	408.50	465.06	725.51
OCLCm-10%	67.31	181.29	240.68	263.96	412.31	467.00	675.11
OCLCm-15%	69.43	182.89	240.34	260.53	412.54	468.15	688.31
OCLCm-20%	66.71	—	—	244.49	410.72	464.02	734.44
OCLCm-25%	67.08	—	—	239.32	410.55	462.99	740.39
OCLCs-T_5	74.62	—	—	227.13	405.30	461.10	690.03

　　干裂温度 T_2 与添加量的变化符合指数变化规律,增速温度 T_3 则随着 LDHs 添加量的升高及增重阶段的消失,相应地失去其原有的物理意义。与原煤的着火温度 T_4 不同,OCLCm 复合材料的第三失重阶段初始温度 T_4 则标志了复合材料中 $Zn_1Mg_2Al_1$-CO_3-LDHs 层板羟基吸热脱除引起的失重过程和煤芳环等大分子剧烈氧化失重过程开始共同作用,主要反映了 $Zn_1Mg_2Al_1$-CO_3-LDHs 的热分解吸热引起的失重特征,随着 $Zn_1Mg_2Al_1$-CO_3-LDHs 添加量的增加,T_4 显著降低,$Zn_1Mg_2Al_1$-CO_3-LDHs 的纳米分散有助于提高其热分解吸热效率。

　　OCLCm 复合材料 T_5 可以体现煤样的燃烧性能随着添加量变化的规律。结果表明,$Zn_1Mg_2Al_1$-CO_3-LDHs 的热分解产物显著促进复合材料碳化。

　　通过 DSC 曲线可以确定煤炭氧化过程中的吸放热规律,DSC 吸放热峰面积大小可定性描述煤炭升温过程中的吸放热反应焓变,面积越小,反应吸放热值越低。如图 6-13 所示为神府煤和不同复合材料 OCLCm-5%、OCLCm-10%、OCLCm-15% 及 OCLCs 的 DSC 曲线。

图 6-13 结果进一步证明,程序升温过程中,$Zn_1Mg_2Al_1$-CO_3-LDHs 的吸热分解反应可以有效转移神府煤空气氧化积蓄的热量,从而延缓煤的自热升温,从而起到防止煤自燃的发生。由图 6-13(e)可知,OCLCs-T_5 中 Zn/Mg/Al-LDHs 在煤中纳米分散,比较图6-13(d)与(e)的 DSC 吸放热峰面积,可以说明纳米分散 LDHs 可显著提高其阻化效果。

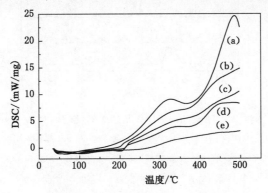

图 6-13　不同样品的 DSC 曲线

(a) 神府煤;(b) OCLCm-5％;(c) OCLCm-10％;(d) OCLCm-15％;(e)OCLCs－T_5

6.2.5　CLCs 的自修复性能

图 6-14 是 CLCs-R_2 及其经过不同温度(450 ℃、550 ℃、650 ℃ 及 800 ℃)热处理所得焙烧产物的 XRD 谱图。结果表明,$Zn_1Mg_2Al_1$-CO_3-LDHs 在 450 ℃煅烧 4 h 之后,层板坍塌,适当的环境中,LDHs 吸收阴离子如碳酸根离子、腐殖酸阴离子等,利用 LDHs 的焙烧复原性恢复其自身组成,从而实现智能化自修复,实现材料的重复利用。由图 6-14 可知,CLCs 在 450 ℃时候仍能保留层状结构,说明 CLCs 中 LDHs 有更好的自修复性能。

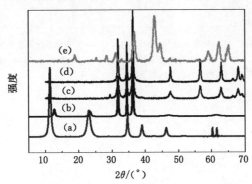

图 6-14　样品 CLCs-R_2 热处理的 XRD 谱图

(a) CLCs-R_2 以及将其在不同焙烧温度(b)~(e)下处理产物;(b) 450;(c) 550;(d) 650 ℃;(e) 800 ℃

图 6-15 是 SFC、复合材料 CLCs-R_3 及其经过 450 ℃热处理所得焙烧产物(CLDOs),以及 CLDOs 分别在碳酸根溶液中复原所得产物($Zn_1Mg_2Al_1$-CO_3-LDHs-R)和 CLDOs 在水溶液中复原所得($Zn_1Mg_2Al_1$-HAs-LDHs-R)的 XRD 谱图。LDHs 复合物在纯水中能够成功实现腐殖酸插层型复原(因为焙烧产物中还有部分残留的小分子腐殖酸),证明了煤在低温氧化的自燃初期通过不断产生小分子物质腐殖酸等,为其焙烧产物成功恢复前驱体的组成结构特征提供阴离子源,进一步证实了 CLCs 具有独特的自修复性能。

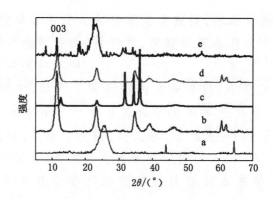

图 6-15　不同样品的 XRD 谱图

(a) SFC；(b) CLCs-R_3；(c) 将样品(b)于 450 ℃焙烧所得 LDOs；

(d) 样品(c)在含碳酸根离子的水溶液中复原 2 d 所得 Zn/Mg/Al-CO_3^{2-}-LDHs；

(e) 将样品(c)于去离子水中复原 2 d,所得 Zn/Mg/Al-HAs-LDHs, pH ≈8

6.2.6　LDHs 及 CLCs 的预防煤自燃机理

基于上述 LDHs 及 CLCs 热性能和煤炭自燃过程的热重模拟试验研究结果,假设如果作为煤炭自燃预防和阻燃材料量足够多,其脱水或分解吸收热量可与煤低温氧化放热量相匹配,则提出图 6-16 所示的煤氧化放热过程与 LDHs 和 CLCs 分解吸热过程耦合机理。同时,建立如图 6-17 所示的 LDHs 及 CLCs 预防煤自燃升温模型。煤的自燃过程是煤在空气

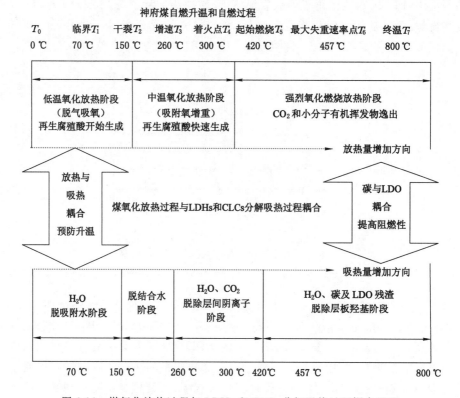

图 6-16　煤氧化放热过程与 LDHs 和 CLCs 分解吸热过程耦合机理

中发生低温氧化反应放热,热量在煤体内没有及时有效转移到环境,引起煤体热量积蓄,温度升高,达到煤燃烧条件,引起煤炭自发燃烧的过程。煤的自燃过程主要包括以下 3 个阶段:

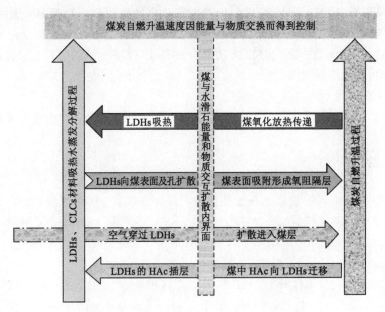

图 6-17　LDHs 和 CLCs 预防煤自燃作用机理

(1) 煤对氧气的物理吸附和低温氧化放热阶段;

(2) 由于煤温升高,煤与氧中温氧化放热阶段;

(3) 煤温进一步升高,达到燃点后,煤与氧发生自强烈氧化自燃阶段。

LDHs 和 CLCs 由于含有大量外在水和层间水,以及层板水和层板吸附阴离子,当其在煤表面覆盖或吸附后,不仅可以阻隔氧向煤表面的渗透扩散,而且可以吸收煤低温氧化阶段产生的热量,水分子逸出的同时带走煤体氧化产生的热量,从而减缓煤体温度的升高,从而达到预防煤自燃的效果。

通过调节 LDHs 的金属离子比例,LDHs 组分的初始热分解温度可调节至煤着火点之前,参与并促进阻隔炭层的形成,并释放出 H_2O、CO_2 气体,可进一步起到稀释氧浓度及燃烧热的作用,从而起到一定阻燃效果,达到延缓煤火蔓延的目的。

6.3　本章小结

(1) CLCs 的热分解初始温度和热失重量总体上处于 Zn/Mg/Al-LDHs 和神府煤之间,Zn/Mg/Al-LDHs 在 CLCs 中可起到阻隔煤氧复合的作用,提高煤燃烧的残碳量,同时,可吸收热氧化分解产生的热量。

(2) 将 LDHs 与煤复合,可以有效预防煤的自燃,可克服常规含卤阻燃剂或黄泥类阻燃材料对煤质和煤利用的影响。煤样的氧化程度会影响 CLCs 的热稳定性,轻度氧化或深度氧化煤的 CLCs 热稳定性较高。

（3）将 LDHs 通过简单机械研磨方式加入神府煤中，当 $Zn_2Al_1-CO_3-LDHs$、$Mg_2Al_1-CO_3-LDHs$、$Zn_1Mg_1Al_1-CO_3-LDHs$ 添加量分别为 3%、5% 和 15% 时，神府煤的临界温度较高，可起到较好预防煤自燃的效果。

（4）$Zn_1Mg_2Al_1-CO_3-LDHs$ 可以作为神府氧化煤的阻化剂。物理混合复合时，添加量为 15% 时，预防煤自燃效果较好，且热分解产物多金属氧化物显著促进复合材料碳化，可以提高复合材料的阻燃性能。原位共沉淀法复合材料中 $Zn_1Mg_2Al_1-CO_3-LDHs$ 以纳米纤维状分散而具有更好的阻燃效果。

（5）CLCs 具有独特的自修复性能。

（6）建立了 CLCs 对煤自燃过程的预防控制和煤炭自燃的阻燃作用机理及模型。

参 考 文 献

[1] 肖旸,李树刚,李明,等.煤自燃预测预报技术研究进展[J].陕西煤炭,2010(6):4-7.

[2] XU S L, ZHANG L X, LIN Y J, et al. Layered double hydroxides used as flame retardant for engineering plastic acrylonitrile-butadiene-styrene（ABS）[J]. Journal of Physics and Chemistry of Solids,2012,73(12):1514-1517.

[3] MATUSINOVIC Z, LU H D, WILKIE C A. The role of dispersion of LDH in fire retardancy：The effect of dispersion on fire retardant properties of polystyrene/Ca-Al layered double hydroxide nanocomposites [J]. Polymer Degradation and Stability,2012,97(9):1563-1568.

[4] ZHANG R, HUANG H, YANG W, et al. Preparation and characterization of bionanocomposites based on poly（3-hydroxybutyrate-co-4-hydroxybutyrate）and CoAl layered double hydroxide using melt intercalation[J]. Composites Part A：Applied Science and Manufacturing,2012,43(4):547-552.

[5] YANG W, MA L Y, SONG L, et al. Fabrication of thermoplastic polyester elastomer/layered zinc hydroxide nitrate nanocomposites with enhanced thermal, mechanical and combustion properties [J]. Materials Chemistry and Physics, 2013, 141 (1)：582-588.

[6] 肖旸,马砺,王振平,等.采用热重分析法研究煤自燃过程的特征温度[J].煤炭科学技术,2007,35(5):73-76.

[7] 肖旸,王振平,马砺,等.煤自燃指标气体与特征温度的对应关系研究[J].煤炭科学技术,2008,36(6):47-51.

[8] 张嬿妮,邓军,罗振敏,等.煤自燃影响因素的热重分析[J].西安科技大学学报,2008,28(2):388-391.

[9] 张嬿妮,邓军,文虎,等.华亭煤自燃特征温度的 TG/DTG 实验[J].西安科技大学学报,2011,31(6):659-662,667.

[10] 朱红青,郭艾东,屈丽娜.煤热动力学参数、特征温度与挥发分关系的试验研究[J].中国安全科学学报,2012,22(3):55-60.

[11] 邱建荣,马毓义,曾汉才,等.混煤着火特征温度的试验测定及模型预测[J].电站系统

工程,1993(5):53-56,65.

[12] 周沛然,王乃继,周建明,等.热重分析法对不同粒度煤自燃过程特征温度的研究[J].
洁净煤技术,2010(3):64-66,119.

[13] 刘文永,金永飞,邓军,等.水分对孟巴矿煤特征温度影响的实验研究[J].矿业安全与
环保,2013,40(4):1-3,7.

[14] 王志伟,李荣勋,周兵,等.可膨胀石墨阻燃 ABS 分解成炭性能研究[J].塑料科技,
2011,39(2):43-47.

[15] 唐涛,于海鸥,姜治伟,等.调控聚合物碳化反应与阻燃性能的研究进展[C]//2009 年
全国高分子学术论文报告会论文摘要集(下册).天津:[出版者不详],2009.

[16] 廖凯荣,卢泽俭,倪跃新.膨胀型阻燃剂中协效剂的碳化作用及其对阻燃性能的影响
[J].高分子材料科学与工程,1999(1):101-104.

[17] 朱新生,戴建平,李引擎,等.聚苯乙烯热降解(Ⅱ):碳化与阻燃机理[J].燃烧科学与技
术,2000,6(4):346-350.

[18] 刘振宇,梅文杰,熊玉竹.纳米无机阻燃剂及其阻燃机理研究进展[J].现代塑料加工应
用,2012,24(5):60-63.

[19] 朱小燕,严春杰.矿物在高分子材料中的阻燃机理及其研究进展[J].化工矿物与加工,
2007,36(11):6-10.

7 CLCs 在 EVA 阻燃材料中的应用

乙烯-醋酸乙烯酯共聚物(ethylene vinyl acetate copolymer,EVA)具有优良的物理化学和机械性能,用于薄膜、各种挤出软管、硬管、发泡鞋材及电线电缆等领域。但 EVA 容易燃烧,具有潜在火灾危险性,提高其耐火性是 EVA 制备推广应用的必要前提。蔡晓霞等[1]讨论了可膨胀型石墨及聚磷酸铵对 EVA 的协同阻燃作用,指出复配阻燃技术将加速 EVA 复合材料阻燃技术的发展。

近些年来,LDHs 因具有环保、抑烟及组成可调变等优势,作为阻燃添加剂在 EVA 等聚合物中的应用引起人们的广泛关注[2-4]。人们发现 LDHs 受热分解后生成的氧化物可以有效促进聚合物的阻隔炭层的形成,提高聚合物的阻燃性能[5-7]。另外,LDHs 与其他阻燃剂[8-10]的协同阻燃效果也得到广泛认可。通过共混技术或者表面改性 LDHs 技术,可发挥 LDHs 及与其他商业阻燃剂如磷酸三聚氰胺(MP)、溴酸(BA)等的协同阻燃效应[11-13]。因煤的稠环芳烃含量高,所以具有潜在的炭化阻燃作用。在煤基聚合物复合材料中,超细煤粉与层状硅酸盐[14]、聚磷酸铵(APP)[15]、酚醛和沥青[16]等其他阻燃剂之间存在协同阻燃效应。目前关于煤与 LDHs 协同阻燃 EVA 的报道很少。前几章已研究了 CLCs 的制备及性能,发现 CLCs 具有较高的热稳定性和热氧化分解残渣量。

为了进一步探讨 CLCs 的阻燃特性,将其应用于 EVA 阻燃材料中,研究 CLCs 的组成及填充量等因素对 EVA 阻燃性能的影响。本章用双螺杆挤出法制备 CLCs/EVA 复合材料,然后制成阻燃塑料标准试样,用锥形量热测试、氧指数测试、力学性能测试等对 CLCs/EVA 复合材料进行表征,分别从热释放速率、质量损失速率、引燃时间、火灾性能指数、氧指数和 UL94 阻燃级别等方面,系统评价 CLCs/EVA 阻燃性能为 CLCs 在聚合物阻燃中改性应用提供理论指导。

7.1 实验部分

7.1.1 实验原料及仪器

实验选用的 EVA 原料来自法国阿科玛(Arkema)公司,型号为 EVA28-03,其特征参数如表 7-1 所列。

表 7-1   **EVA28-03 特征参数**

性质	值	单位	测试方法
VA 含量	26~28	%(wt)	FTIR(内部方法)
熔融指数(190 ℃/2.16 kg)	3~4.5	g/10 min	ISO 1133/ASTM D1238
密度(23 ℃)	0.95	g/cm³	ISO 1183

性质	值	单位	测试方法
熔点	76	℃	ISO 11357-3
维卡软化温度(A50 法)	41	℃	ISO 306/ASTM D1525
软化温度(环球法)	166	℃	ASTM E28
断裂伸长率	700~1 000	%	ISO 527/ASTM D638
断裂拉伸强度	26	MPa	ISO 527/ASTM D638
肖氏硬度 A	82	—	ISO 868/ASTM D2240

实验用主要试剂见表 7-2。

表 7-2 　　　　　　　　　　　　　　主要试剂

试剂名称	级别	生产厂家
氯化锌($ZnCl_2$)	A.R.	郑州派尼化学试剂厂
氯化镁($MgCl_2 \cdot 6H_2O$)	A.R.	郑州派尼化学试剂厂
结晶氯化铝($AlCl_3 \cdot 6H_2O$)	A.R.	西陇化工股份有限公司
氢氧化钠($NaOH$)	A.R.	天津市河东区红岩试剂厂
无水碳酸钠(Na_2CO_3)	A.R.	西安化学试剂厂
无水乙醇(CH_3CH_2OH)	A.R.	天津市风船化学试剂有限公司
硅烷偶联剂 KH550	—	南京优普化工有限公司

主要仪器和设备见表 7-3。

表 7-3 　　　　　　　　　　　　　实验仪器及设备

实验仪器	型号	生产厂家
电子天平	FA2004	上海精密科学仪器有限公司
电动搅拌器	JJ-1	江苏金坛市正基仪器有限公司
恒温水浴锅	HH-S4	北京科伟永兴仪器有限公司
离心机	TD5B	长沙英泰仪器有限公司
真空干燥箱	DZF	北京中兴伟业仪器有限公司
双螺杆挤出机	SJSH-30	南京杰恩特机电有限公司
塑料注塑机	HTF90X1	宁波海天股份有限公司
锥形量热仪	FTT 0007	英国 FTT 公司
氧指数仪	FTA Ⅱ/HFTA Ⅱ	美国流变科学有限公司
电子拉力试验机	DXLL-5000	上海德杰仪器设备有限公司

7.1.2 LDHs 及 CLCs 的制备

　　$Zn_1Mg_2Al_1$-LDHs 及其 CLCs[$n(Zn^{2+})/n(Mg^{2+})/n(Al^{3+}) = R_2 = 1 : 2 : 1$]的制备同 5.1.2 节。

7.1.3 CLCs/EVA 复合材料制备

按照图 7-1 所示流程,制备 CLCs/EVA 复合材料及其阻燃塑料标准试样。具体方法如下:

图 7-1 实验流程图

分别以 $Zn_1Mg_2Al_1$-LDHs、SFC、SFC-LDHs,以及 CLCs-R_2 复合材料作为阻燃剂,按照设定比例与加工助剂{硅烷偶联剂 KH550 和无水乙醇的混合溶液[m(KH550)/m(CH$_3$CH$_2$OH)=1/1],4%(wt)}和 1 000 g EVA 在高速混合机于 60~70 ℃混合 5 min,然后将物料在双螺杆挤出机上挤出、造粒,得到相应的 EVA 复合材料。挤出机各段的温度参数设置为 170 ℃、175 ℃、180 ℃、185 ℃、180 ℃、175 ℃,螺杆转速 80~100 r/min,喂料速度 8~10 r/min。

将上述得到的 EVA 复合材料于 70 ℃充分干燥后,在注塑机上 115 ℃塑炼 15 min 后,薄通、压片,然后在平板硫化机上于 120 ℃、10 MPa 下热压成型并冷却至室温,制成标准样条(尺寸为 100 mm×100 mm×4 mm),分别记为 LDHs/EVA,SFC /EVA,SFC-LDHs/EVA,CLCs-R_2/EVA,测试不同阻燃 EVA 样品的阻燃性能和力学性能。

7.1.4 结构及性能表征

(1) EVA 阻燃复合材料的样条断品形貌表征是在日本日立公司 S-4800 高分辨场发射扫描电镜上进行的。

(2) LDHs 的物相和结构分析在日本岛津公司生产的 XRD-7000 X 射线衍射仪上进行,方法同 3.1.4 节。

(3) 样品的 FTIR 光谱分析在德国布鲁克公司生产的 Tensor27 型傅里叶变换红外光谱仪上进行,方法同 3.1.4 节。

(4) EVA 阻燃复合材料的力学性能依据 GB/T 1040.2—2006,采用上海德杰仪器设备有限公司生产的 DXLL-5000 型电子拉力试验机上进行测定,拉伸速率 200 mm/min,每个样品测 6 次,断裂伸长率和拉伸强度取 6 次测定值的平均值。

(5) 样品的燃烧性能测试采用英国 FTT 公司生产的 0007 型锥形量热仪,按照 ISO 5660-1 标准进行,测试样品尺寸为 100 mm×100 mm×6 mm,热辐射通量为 50 kW/m^2。

(6) 极限氧指数实验及垂直燃烧实验,其中极限氧指数按照标准 ASTM D2863 进行测试,试样尺寸为 100 mm×6.5 mm×3 mm;水平垂直燃烧实验依据标准 FMVSS302/ZSO3975 进行,试样尺寸为 127 mm×12.7 mm×3 mm。

7.2 结果与讨论

7.2.1 CLCs 填充量对 CLCs/EVA 复合材料阻燃性能的影响

(1) 锥形量热分析

由于锥形量热分析测试结果与大规模燃烧实验结果基本一致,因而已被广泛用于预测材料的现场火灾特性。锥形量热测试能够提供以下燃烧特性参数:① 引燃时间(time to ignition,TTI)。② 热释放系数,包括热释放速率(heat release rate,HRR)、平均热释放速率(mean heat release rate,MHRR)、热释放速率峰值(peak heat release rate,PHRR)、总热释放量(total heat release,THR)、有效燃烧热(effective heat combustion,EHC)。③ 质量变化系数,包括质量损失率(mass loss rate,MLR)、成炭量(char yield,CY)。④ 烟参数,包括比消光面积(special extinction area,SEA)、生烟速率(smoke production rate,SPR)、生烟总量(total smoke production,TSP)、烟释放速率(rate of smoke release,RSR)、CO 和 CO_2 生成量。⑤ 推导系数,包括火灾发展指数(fire growth index,FGI)、火灾性能指数(fire performance index,FPI)。其中 HRR 是表征火灾行为最有效的参数,也是表征材料可燃性的重要参数。通常情况下,可以通过比较材料的 PHRR 对其阻燃性能进行初步评估[17]。CLCs 填充量对锥形量热测试结果的影响如表 7-4 所列。

表 7-4　　　　　　　　　CLCs 填充量对锥形量热测试结果的影响

SFC/LDHs 的添加量/%(wt)	PHRR /(kW/m²)	PHRR 变化率/%	TTI/s	TTP/s	FGI /[kW/(m²·s)]	残炭量/%
0	1 248.33	0.00	34	185	6.75	0.00
5	1 309.36	−4.89	35	215	6.09	2.67
15	1 067.28	14.50	51	185	5.77	6.86
25	706.3	43.42	35	230	5.05	10.14

注:FGI 为 PHRR 与 TTP 的比值。

图 7-2 为不同 CLCs 填充量条件下,CLCs/EVA 复合材料的 HRR 曲线。

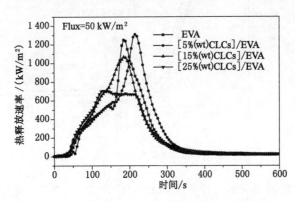

图 7-2　不同 CLCs/EVA 复合材料的 HRR 曲线

由图 7-2 及表 7-4 可知:纯 EVA 在 34 s 被点燃,且分别在 145 s、185 s 出现 2 个 HRR 峰值,PHRR 为 1 248.33 kW/m²,符合材料燃烧过程中有一两处峰值的燃烧特征,且其曲线特征与中热厚性非成炭样品 PHRR 曲线[18] 相似,这归因于材料在初始峰值出现后炭层尚未形成,无法降低向材料内层传递的热量,也无法阻隔挥发物进入燃烧区,导致热释放速率再次升高。

不同 CLCs/EVA 复合材料的 TTI 和 TTP 均滞后于纯 EVA,说明添加 CLCs 能够提高 EVA 的阻燃性。CLCs 的填充量为 5%(wt)时,复合材料的 PHRR (1 309.36 kW/m²) 较 EVA 增加了 4.89%,这可因为添加量小,CLCs 填充过程中没有很好分散等有关。当 CLCs 填充量进一步增加,PHRR 显著降低。当填充量分别为 15%(wt)、25%(wt)时,CLCs/EVA 复合材料的 PHRR 分别较纯 EVA 降低了 14.50%、43.42%。由表 7-4 可知,随 CLCs 填充量的增加,复合材料燃烧后残渣量增加;当 CLCs 填充量为 25%(wt)时,样品呈现热厚性成炭样品的 HRR 曲线特征,在 120~230 s 之间出现了 HRR 的平台,说明燃烧时材料炭化形成阻隔炭层,减弱了热量向材料内层的传递,并阻隔了一部分挥发物进入燃烧区[19],因此,随 CLCs 填充量的增加,CLCs/EVA 复合材料的阻燃性提高。火灾发展指数(FGI),定义为 PHRR/TTP,FGI 值越大,则表示火灾增长速度越快,火灾危险性越高[12]。由表可知,纯 EVA 的 FGI 为 6.75,而 CLCs/EVA 复合材料的 FGI 值降低,并且 FGI 随 CLCs 填充量增加而减小,可见,CLCs 能够降低 EVA 的火灾危险性,且效果随着 CLCs 添加量增加而显著提高。

图 7-3 为不同 CLCs/EVA 复合材料的热重分析结果。由图 7-3 及表 7-4 可知,纯 EVA 被点燃后快速完全燃烧,残炭量可视为 0。CLCs 的填充量分别为 5%(wt)、15%(wt) 及 25%(wt)时,CLCs/EVA 复合材料的残炭量分别为 2.67%、7.86%、10.14%,这也与图 7-4 所示的锥形量热实验残渣照片上的结果一致,说明 CLCs 对 EVA 的燃烧有成炭作用,且成炭量随着填充量的升高而明显增加,CLCs/EVA 复合材料具有热厚性成炭样品的 HRR 曲线特征。

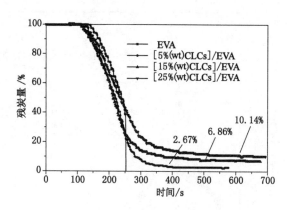

图 7-3　不同 CLCs/EVA 复合材料的热重曲线

抑烟效果是评估阻燃剂的另一个重要指标。不同 CLCs/EVA 复合材料的 SPR 曲线如图 7-5 所示。由图 7-5 及图 7-2 可知,不同样品的 SPR 曲线和 HRR 曲线的变化趋势一致,说明 CLCs 能起到抑烟的作用,且随 CLCs 含量增加,抑烟效果显著增加。

(2)氧指数分析

氧指数又称极限氧指数,是在规定的实验条件下,被测试样能维持燃烧所用的最低氧浓度的体积百分数。不同填充量 CLCs/EVA 复合材料的 LOI 测定结果如图 7-6 所示。

由图 7-6 可知,EVA 的氧指数为 21.6,随着 CLCs 填充量的升高,LOI 在一定范围内迅速增大,填充量为 15%(wt)时 LOI 最大为 22.6,当填充量再增加时,复合材料的 LOI 略有

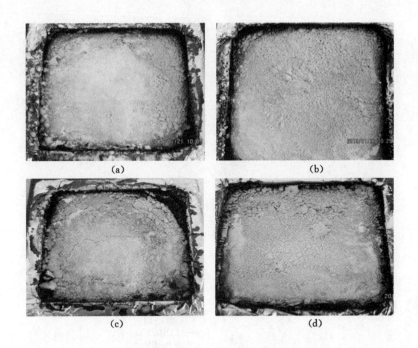

图 7-4　不同 CLCs/EVA 复合材料的燃烧残渣照片

(a) EVA；(b) [5%(wt)CLCs]/EVA；(c) [15%(wt)CLCs]/EVA；(d) [25%(wt)CLCs]/EVA

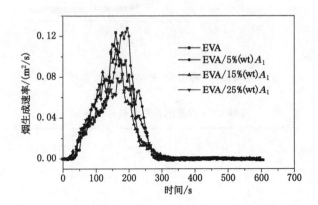

图 7-5　CLCs 填充量对 CLCs/EVA 复合材料 SPR 曲线的影响

降低。因此，要进一步提高 EVA 的 LOI，还需要将 CLCs 阻燃剂与其他无卤阻燃剂进行复配。因此，有必要对 CLCs 与其他阻燃剂的协同阻燃效果作进一步探讨。

7.2.2　SFC 与 LDHs 的协同阻燃作用

以 $Zn_1 Mg_2 Al_1\text{-}CO_3\text{-}LDHs$、神府煤、LDHs 与神府煤的机械混合样（SFC-LDHs）及 CLCs 为阻燃剂分别填充 EVA，记为 LDHs/EVA、SFC/EVA、(SFC-LDH)/EVA、CLCs/EVA，并对所得 EVA 阻燃材料进行锥形量热测试，以表征 CLCs 的阻燃作用。5 种样品的 HRR 曲线如图 7-7 所示，测试结果如表 7-5 所列。

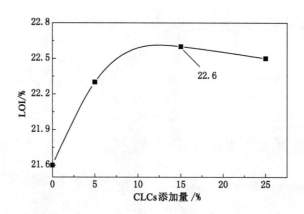

图 7-6　CLCs 填充量对 CLCs/EVA 复合材料 LOI 值的影响

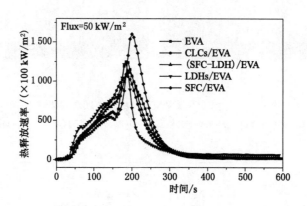

图 7-7　五种 EVA 样品的 HRR 曲线

表 7-5　　　　　　　　　　　　五种 EVA 样品的锥形量热分析结果

样品名称	PHRR/(kW/m²)	PHRR 的变化率/%	TTI/s	TTP/s	FGI/[kW/(m²·s)]	残炭量/%
EVA	1 248.33	0.00	34	185	6.75	0.00
CLCs/EVA	1 067.28	14.50	51	185	5.77	6.86
(SFC-LDH)/EVA	1 124.89	9.89	35	190	5.92	7.32
LDHs/EVA	1 221.00	2.19	32	185	6.60	5.73
SFC/EVA	1 599.34	−28.12	28	200	8.00	1.40

注:FGI 为 PHRR 与 TTP 的比值。

由图 7-7,并结合表 7-5 分析可知:除了 SFC/EVA,其他填充 EVA 复合材料 PHRR 均低于纯 EVA(1 248.33 kW/m²),这表明,填充 LDHs 及其复合材料 CLCs 均可提高 EVA 阻燃性能。表所列的阻燃 EVA 样品均呈现的是中热厚性非成炭样品的 HRR 曲线特征。与 EVA 相比,SFC/EVA 的 TTI(28 s)减小,即样品更容易被点燃,PHRR(1 599.34 kW/m²)增大,即 SFC 填充量为 3.75%(wt)时,对 EVA 反而起到促燃作用;TTP(200 s)滞后于纯 EVA(185 s),说明 SFC 的成炭作用延缓了热量的传递,从而使得其 HRR 曲线峰值滞后于纯 EVA。对于(SFC-LDHs)/EVA,其 PHRR(1 124.89 kW/m²)分别低于 LDHs/EVA 和 SFC/EVA,可见 LDHs 和 SFC 的机械混合能够起到协同阻燃 EVA 的作用。比较 CLCs/EVA 和(SFC-LDHs)/EVA,其 PHRR 较纯 EVA 分别降低了 14.50%、9.89%,可见原位沉积法制备的 CLCs 对 EVA 的阻燃协同作用要优于简单复配阻燃体系 SFC-LDHs。

纯 EVA 的 FGI 为 6.75,除了 SFC/EVA,其余样品的 FGI 值均降低,其中 CLCs 降低 EVA 材料的火灾危险性的效果最显著。

如图 7-8 所示为不同阻燃 EVA 的锥形量热测试后的剩余物照片。由图 7-8 和表 7-5 可知,纯 EVA 燃烧后几乎没有残渣,残炭率可视为 0。而(SFC-LDHs)/EVA 和 CLCs/EVA 的残渣致密度增加,且相对于 LDHs 及 SFC 分别填充的 EVA 材料残炭率显著增加。

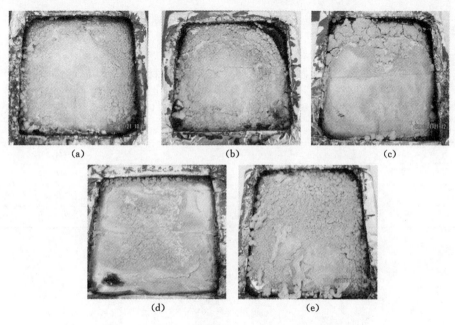

图 7-8　五种 EVA 样品的锥形量热测试残渣照片
(a) EVA;(b) (SFC-LDHs)/EVA;(c) CLCs/EVA;
(d) LDHs/EVA;(e) SFC/EVA

不同阻燃 EVA 的 SPR 曲线如图 7-9 所示。由图 7-9 可见,各样品的 SPR 曲线和 HRR 曲线的变化趋势相似,除了 SFC 外,LDHs、SFC-LDHs 和 CLCs 均可对 EVA 的燃烧起到抑烟的作用。

CLCs 对 EVA 的协同阻燃和抑烟作用归因于两方面:一是,LDHs 在受热分解过程中吸收大量的热,降低了 EVA 的表面温度,从而减缓了 EVA 的热分解和燃烧速率;LDHs 分解释放出的 H_2O 和 CO_2 可冷却和阻隔可燃性气体;最后 LDHs 分解产生的碱性多孔金属氧化物,不但可以吸附 EVA 释放的有害气体,同时又可成为延缓热能和氧侵入的保护膜。二是,LDHs/SFC 中 SFC 对 EVA 有成炭作用,形成的保护炭层对热量和挥发性物质有阻挡作用。

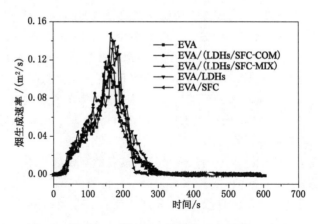

图 7-9　五种 EVA 样品的 SPR 曲线

7.2.3　填充量对 CLCs/EVA 复合材料力学性能的影响

表 7-6 和图 7-10 为 CLCs 填充量对 CLCs/EVA 复合材料力学性能的影响。

表 7-6　　　　　　　CLCs 填充量对 CLCs/EVA 复合材料力学性能的影响

CLCs 填充量/%(wt)	拉伸强度/MPa	断裂伸长率/%
0	11.32	426.56
5	12.69	446.25
15	12.06	445.79
25	9.16	273.32

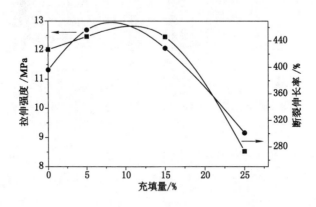

图 7-10　CLCs 填充量对 CLCs/EVA 复合材料力学性能的影响

由表 7-6 及图 7-10 可知,CLCs/EVA 复合材料的拉伸强度和断裂伸长率在 CLCs 填充量为 5%、15%时,均高于 EVA 的拉伸强度和断裂伸长率,说明 CLCs 在 EVA 复合材料中同时具有增强和增韧作用。

表 7-7 列出了 EVA 及其填充阻燃复合材料的力学性能数据。由表可知,LDHs/EVA、(SFC-LDHs)/EVA 和 SFC/EVA 的拉伸强度和断裂伸长率均低于纯 EVA 的拉伸强度和

断裂伸长率,只有 CLCs/EVA 拉伸强度(12.06 MPa)和断裂伸长率(445.79%)均大于纯 EVA 的拉伸强度(11.32 MPa)和断裂伸长率(426.56%)。

表 7-7　　　　　　　　五种 EVA 样品的力学性能

样品名称	拉伸强度/MPa	断裂伸长率/%
EVA	11.32	426.56
LDHs/EVA	10.85	361.41
CLCs/EVA	12.06	445.79
(SFC-LDH)/EVA	11.24	428.99
SFC/EVA	9.51	279.15

不同样品的断面 SEM 分析如图 7-11 所示。结果表明,CLCs/EVA 复合材料中 CLCs 与 EVA 的界面为韧性断面,表明其相界面有较强的相互作用,从而使得填充体系具有增强增韧的效果。这主要归因于 CLCs 表面具有纳米纤维结构和丰富的活性官能团,从而达到提高复合材料相界面作用力和体系的相容性。

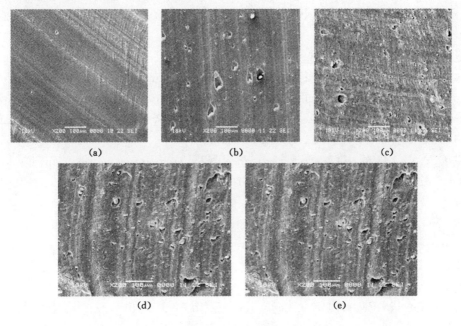

图 7-11　五种 EVA 样品的 SEM 图
(a) EVA;(b) (SFC-LDH)/EVA;(c) CLCs/EVA;(d) LDHs/EVA;(e) SFC/EVA

7.3　本章小结

(1) CLCs 具有高效且环保抑烟的阻燃特点,是一种新型复合材料阻燃剂。CLCs/EVA 复合材料的阻燃性能随 CLCs 的填充量的增加而显著增加。

(2) CLCs/EVA 复合材料中 LDHs 和 SFC 协同阻燃 EVA,表现为 LDHs 分解吸热、阻隔和煤的成炭作用相耦合的协同阻燃机理。

（3）CLCs/EVA 复合材料中 CLCs 具有增强增韧作用。这主要归因于 CLCs 表面具有纳米纤维结构和丰富的活性官能团，提高复合材料相界面作用力及体系相容性。

参 考 文 献

[1] 蔡晓霞,王德义,彭华乔,等.聚磷酸铵/膨胀石墨协同阻燃 EVA 的阻燃机理[J].高分子材料科学与工程,2008,24(1):109-112.

[2] 常志宏,郭奋,陈建峰,等.纳米氢氧化铝填充 LDPE/EVA 的力学和阻燃性能[J].化工学报,2005,56(9):1771-1775.

[3] 高鑫.EVA/纳米 LDHs 阻燃包装材料的制备、结构及其性能[D].株洲:湖南工业大学,2012.

[4] 刘跃军,高鑫,刘亦武,等.多元 LDHs/EVA 纳米复合材料的制备及性能研究[J].功能材料,2012,43(15):2009-2013.

[5] 李鑫.层状镁铝氢氧化物的设计合成与阻燃性研究[D].大连:大连理工大学,2010.

[6] 王丽丽.含镍 LDH 的制备及 LDH/EVA 复合材料的研究[D].哈尔滨:东北林业大学,2011.

[7] 赵斌.无卤阻燃 EVA 复合材料的制备和表征[D].北京:北京化工大学,2012.

[8] HUANG G B, FEI Z D, CHEN X Y, et al. Functionalization of layered double hydroxides by intumescent flame retardant:Preparation, characterization, and application in ethylene vinyl acetate copolymer[J]. Applied Surface Science,2012,258(24):10115-10122.

[9] DING Y Y, XU L, HU G S. Performance of halogen-free flame retardant EVA/MH/LDH composites with nano-LDHs and MH[J]. Chinese Science Bulletin,2011,56(35):3878-3883.

[10] WANG X L, RATHORE R, SONGTIPYA P, et al. EVA-layered double hydroxide (nano)composites:Mechanism of fire retardancy[J]. Polymer Degradation and Stability,2011,96(3):301-313.

[11] JIAO C M, CHEN X L, ZHANG J. Synergistic effect of Fe_2O_3 with Layered Double Hydroxides in EVA/LDH Composites[J]. Journal of Fire Sciences,2009,27(5):465-479.

[12] NYAMBO C, KANDARE E, WILKIE C A. Thermal stability and flammability characteristics of ethylene vinyl acetate (eva) composites blended with a phenyl phosphonate-intercalated layered double hydroxide (ldh), melamine polyphosphate and/or boric acid[J]. Polymer Degradation and Stability,2009,94(4):513-520.

[13] JIAO C M, CHEN X L. Synergistic effect of titanium dioxide with layered double hydroxides in EVA/LDH composites[J]. Polymer Engineering & Science,2011,51(11):2166-2170.

[14] 王国利,周安宁,葛岭梅.煤基聚乙烯/蒙脱土复合材料的阻燃特性[J].高分子材料科

学与工程,2005,1(21):164-167.

[15] 徐寒松.煤与含氟聚合物对聚酯结构与性能的影响研究[D].苏州:苏州大学,2008.

[16] 赵云,吴雪云,莫晓杰,等.煤阻燃体系应用开发研究[J].苏州大学学报(工科版),2012,32(3):31-37.

[17] 胡源,宋磊.阻燃聚合物纳米复合材料[M].北京:化学工业出版社,2008:5.

[18] SCHARTELL B,HULL T R. Development of fire-retarded materials-Interpretation of cone calorimeter data[J]. Fire and Materials,2007,31(5):327-354.

[19] 舒中俊,徐晓楠,李响.聚合物材料火灾燃烧性能评价:锥形量热仪试验方法[M].北京:化学工业出版社,2007:5.

附录 实验数据表

附表 1 色连矿长焰煤样程序升温实验结果数据表(1#煤样,混样无 LDHs)

混样	箱温/℃	煤温/℃	流量/(mL/min)	O_2/%	N_2/%	CO/×10⁻⁶	CO_2/×10⁻⁶	CH_4/×10⁻⁶	$q_{max}(T)$/×10⁻⁵ mL/min	$q_{min}(T)$/×10⁻⁵ mL/min	耗氧速度/×10⁻¹¹ mol/(cm³·s)	CO产生率/×10⁻¹¹ mol/(cm³·s)	CO_2产生率/×10⁻¹¹ mol/(cm³·s)	CH_4产生率/×10⁻¹¹ mol/(cm³·s)	C_2H_6/×10⁻⁶	C_2H_4/×10⁻⁶	煤阻/Ω
1	37.4	30.00	120	20.59	74.33	3.646	1038	2.685	13.43	1.79	29.30	0.000 5	0.144 8	0.141 4			111.7
2	49.9	40.26	120	20.41	75.66	7.346	891	3.381	19.38	2.57	42.35	0.001 5	0.179 7	0.178 0			115.7
3	59.6	50.00	120	20.25	77.34	18.53	759.9	3.226	24.62	3.27	54.04	0.004 8	0.195 6	0.169 8			119.5
4	66.4	60.00	120	20.01	75.77	55.72	1360	4.553	32.53	4.42	71.76	0.019 0	0.464 7	0.239 7			123.4
5	80.0	70.00	120	19.82	75.15	187.7	3 389	3.852	38.81	5.64	85.94	0.076 8	1.386 9	0.202 8			127.3
6	88.4	80.00	120	19.23	75.3	469.6	8 776	4.909	59.12	9.98	130.84	0.292 6	5.468 0	0.258 5			131.2
7	94.0	90.00	120	18.58	77.18	1 132	23 000	6.482	82.30	18.96	521.94	0.980 7	19.926 8	0.341 3		1.505	135.1
8	100.1	100.00	120	13.73	78.11	2 497	53 990	9.986	285.87	104.13	931.46	7.508 3	162.344 7	0.525 8	1.367	3.965	139
9	117.4	110.00	120	8.457	81.71	3 358	72 270	14.92	612.35	270.98	1 351.55	20.170 3	465.127 7	0.785 5	2.191	5.097	142.9
10	128.1	120.26	120	3.455	84.53	4 252	90 910	17.01	1 215.17	635.44	2 681.78	49.881 0	1 160.953 3	0.895 6	3.119	9.06	146.9
11	134.3	130.00	120	1.541	84.28	5 237	87 110	21.41	1 755.28	893.95	3 581.55	80.939 6	1 610.105 7	1.127 2	3.704	8.958	150.7
12	149.5	140.00	120	1.816	82.94	5 886	92 000	25.97	1 642.22	875.27	3 837.55	89.743 5	1 593.591 9	1.367 3	4.769	11.52	154.6
13	158.9	150.00	120	1.792	86.38	6 931	89 300	32.33	1 654.14	866.09	4 657.32	128.709 4	1 555.230 3	1.702 2	6.226	15.88	158.5
14	170	160.77	120	2.016	81.76	7 773	96 800	44.5	1 562.13	881.03	4 682.29	158.894 5	1 605.170 5	2.342 9	8.698	24.59	162.7
15	179.6	170.51	120	1.854	83.67	9 329	103 800	59.68	1 613.96	967.62	5 106.77	190.226 6	1 782.776 4	3.142 2	11.17	30.63	166.5

附表 2　色连矿长焰煤样程序升温实验结果数据表（混样，LDHs-13%）

混样	箱温/℃	煤温/℃	流量/(mL/min)	O_2/%	N_2/%	CO/$\times10^{-6}$	CO_2/$\times10^{-6}$	CH_4/$\times10^{-6}$	$q_{max}(T)$/$\times10^{-5}$ mL/min	$q_{min}(T)$/$\times10^{-5}$ mL/min	耗氧速度/$\times10^{-11}$ mol/(cm³·s)	CO产生率/$\times10^{-11}$ mol/(cm³·s)	CO_2产生率/$\times10^{-11}$ mol/(cm³·s)	CH_4产生率/$\times10^{-11}$ mol/(cm³·s)	C_2H_6/$\times10^{-6}$	C_2H_4/$\times10^{-6}$	煤阻/Ω
1	33.5	30.00	120	20.65	76.27	6.454	634.7	12.54	11.42	1.50	24.98	0.008	0.075 5	0.660 2	2.605		111.7
2	49.4	40.00	120	20.43	72.86	7.932	690.2	10.993	18.70	2.47	40.89	0.001 5	0.134 4	0.578 8	2.426		115.6
3	57.9	50.00	120	20.21	73.95	16.85	931	9.605	26.00	3.46	56.98	0.004 6	0.252 6	0.505 7	1.568		119.5
4	66.6	60.00	120	19.98	74.43	46.58	1 514	8.209	33.64	4.58	73.99	0.016 4	0.533 4	0.432 2	1.171		123.4
5	76.1	70.00	120	19.75	76.24	162.1	3 358	6.65	41.26	5.98	91.19	0.070 4	1.458 2	0.350 1	0.966		127.3
6	86.9	80.00	120	19.24	78.08	408.5	7 104	6.841	58.70	9.50	130.07	0.253 0	4.400 1	0.360 2	0		131.2
7	96.5	90.00	120	16.56	77.98	890.9	16 080	12.03	159.39	32.02	352.97	1.497 4	27.027 0	0.633 4	0	1 032	135.1
8	105.8	100.00	120	11.02	76.87	1 865	40 480	17.96	433.80	132.61	958.19	8.509 6	184.701 6	0.945 6	1.412	2.803	139.0
9	114.1	110.00	120	8.984	79.79	2 892	79 350	26.16	572.75	269.59	1 261.72	17.375 7	476.751 6	1.377 3	2.705	7.191	142.9
10	126.5	120.00	120	6.69	88.67	3 415	75 800	33.30	743.16	340.63	1 641.05	26.686 6	592.340 3	1.753 2	3.580	8.413	146.8
11	139.5	130.00	120	3.195	80.67	3 338	83 080	31.33	1 268.83	619.29	2 798.03	44.475 4	1 106.955 0	1.649 5	3.826	8.998	150.7
12	150.0	140.00	120	1.102	85.44	3 967	81 400	60.42	1 981.43	958.83	3 379.82	74.736 8	1 697.699 9	3.181 1	4.674	11.360	154.6
13	159.8	150.51	120	1.299	86.20	5 053	78 800	76.68	1 863.07	890.49	4 135.42	99.506 0	1 551.766 0	4.037 2	8.498	15.470	158.7
14	168.4	160.00	120	0.541	83.69	6 809	81 800	105.4	2 437.15	1 213.78	4 437.05	136.289 7	2 117.858 7	5.549 3	8.454	22.520	162.4
15	179.8	170.00	120	0.552	84.23	8 457	92 510	174.2	2 418.63	1 328.50	4 807.13	177.753 0	2 381.971 4	9.171 6	13.78	30.480	166.3

附表 3　色连矿长焰煤样程序升温实验结果数据表（混样，LDHs-23%）

混样	箱温/℃	煤温/℃	流量/(mL/min)	O_2/%	N_2/%	CO/$\times10^{-6}$	CO_2/$\times10^{-6}$	CH_4/$\times10^{-6}$	$q_{max}(T)$/$\times10^{-5}$ mL/min	$q_{min}(T)$/$\times10^{-5}$ mL/min	耗氧速度/$\times10^{-11}$ mol/(cm³·s)	CO产生率/$\times10^{-11}$ mol/(cm³·s)	CO_2产生率/$\times10^{-11}$ mol/(cm³·s)	CH_4产生率/$\times10^{-11}$ mol/(cm³·s)	C_2H_6/$\times10^{-6}$	C_2H_4/$\times10^{-6}$	煤阻/Ω
1	40.1	30.00	120	20.6	74.62	5.552	1 718	11.44	13.10	1.78	28.58	0.000 8	0.233 8	0.602 3	9.648		111.7
2	50.2	40.26	120	20.41	75.55	13.85	2 007	8.993	19.39	2.66	42.35	0.002 8	0.404 7	0.473 5	7.057		115.7

续附表 3

混样	箱温/℃	煤温/℃	流量/(mL/min)	O_2/%	N_2/%	CO/$\times10^{-6}$	CO_2/$\times10^{-6}$	CH_4/$\times10^{-6}$	$q_{max}(T)$/$\times10^{-5}$ mL/min	$q_{min}(T)$/$\times10^{-5}$ mL/min	耗氧速度/$\times10^{-11}$ mol/(cm³·s)	CO产生率/$\times10^{-11}$ mol/(cm³·s)	CO_2产生率/$\times10^{-11}$ mol/(cm³·s)	CH_4产生率/$\times10^{-11}$ mol/(cm³·s)	C_2H_6/$\times10^{-6}$	C_2H_4/$\times10^{-6}$	煤阻/Ω
3	60.2	50.00	120	20.15	74.52	42.54	2 814	7.605	28.04	3.95	61.40	0.012 4	0.822 7	0.400 4	5.109		119.5
4	70.2	60.77	120	19.89	69.79	93.24	4 230	7.209	36.78	5.42	80.70	0.035 8	1.625 5	0.379 6	3.168		123.7
5	89.4	69.74	120	19.64	74.73	332.9	8 946	5.65	45.15	7.61	99.49	0.157 7	4.238 4	0.297 5	2.121		127.2
6	90.1	80.00	120	19.23	76.17	964.2	21 570	5.841	59.26	13.25	130.84	0.600 8	13.4395	0.307 5	1.158	0.9185	131.2
7	100.1	91.54	120	16.52	77.52	1 683	51 190	11.03	161.54	56.78	356.57	1.796 6	86.9171	0.580 7	2.316	3.806	135.7
8	109.8	100.00	120	11.13	79.76	3 354	82 000	16.96	427.64	206.96	943.43	6.355 4	368.385 4	0.892 9	2.685	5.257	139.0
9	120.1	110.00	120	8.455	82.54	3 121	106 700	24.16	613.25	361.40	1 351.91	16.806 4	686.896 8	1.272 0	3.737	8.462	142.9
10	139.8	120.00	120	6.830	86.09	4 049	104 200	32.30	755.57	439.65	1 669.07	38.436 2	828.174 8	1.700 6	4.478	10.92	146.8
11	150.1	130.00	120	2.985	78.40	4 786	105 200	30.33	1 309.10	772.82	2 899.06	71.662 9	1 452.291 8	1.596 9	5.908	16.51	150.7
12	170.0	140.00	120	1.057	81.50	5 763	118 400	57.42	1 998.94	1 308.06	4 441.77	77.648 6	2 504.312 0	3.023 2	8.777	23.95	154.6
13	179.9	150.00	120	1.289	83.17	6 254	117 800	66.68	1 861.50	1 222.17	4 146.90	98.923 4	2 326.213 8	3.510 7	10.88	33.49	158.5
14	187.7	160.77	120	0.612	78.04	7 025	114 200	101.4	2 338.74	1 535.16	5 253.80	115.728 6	2 857.068 2	5.338 7	14.16	38.83	162.7
15	199.3	170.00	120	0.561	81.44	9 934	134 200	152.2	2 390.18	1 802.16	5 383.10	135.780 5	3 440.058 3	8.013 3	19.34	54.54	166.3

附表 4

色连矿长焰煤样程序升温实验结果数据表（混样，LDHs-33%）

混样	箱温/℃	煤温/℃	流量/(mL/min)	O_2/%	N_2/%	CO/$\times10^{-6}$	CO_2/$\times10^{-6}$	CH_4/$\times10^{-6}$	$q_{max}(T)$/$\times10^{-5}$ mL/min	$q_{min}(T)$/$\times10^{-5}$ mL/min	耗氧速度/$\times10^{-11}$ mol/(cm³·s)	CO产生率/$\times10^{-11}$ mol/(cm³·s)	CO_2产生率/$\times10^{-11}$ mol/(cm³·s)	CH_4产生率/$\times10^{-11}$ mol/(cm³·s)	C_2H_6/$\times10^{-6}$	C_2H_4/$\times10^{-6}$	煤阻/Ω
1	39.7	30.00	120	20.76	76.37	4.807	1 045	6.224	7.83	1.04	17.08	0.000 4	0.08	0.032 8	3.245		111.7
2	50.2	40.00	120	20.43	76.68	10.75	1 329	4.065	18.71	2.52	40.89	0.002 1	0.26	0.021 4	2.139		115.6
3	60.2	50.00	120	20.24	76.75	30.08	2 010	3.079	25.02	3.44	54.78	0.007 8	0.52	0.016 2	1.299		119.5
4	70.1	60.00	120	20.01	74.06	114.0	3 943	2.452	32.64	4.78	71.76	0.039 0	1.35	0.012 9	—		123.4

续附表 4

混样	箱温/℃	煤温/℃	流量/(mL/min)	O_2/%	N_2/%	CO/×10⁻⁶	CO_2/×10⁻⁶	CH_4/×10⁻⁶	$q_{max}(T)$/×10⁻⁵ mL/min	$q_{min}(T)$/×10⁻⁵ mL/min	耗氧速度/×10⁻¹¹ mol/(cm³·s)	CO产生率/×10⁻¹¹ mol/(cm³·s)	CO_2产生率/×10⁻¹¹ mol/(cm³·s)	CH_4产生率/×10⁻¹¹ mol/(cm³·s)	C_2H_6/×10⁻⁶	C_2H_4/×10⁻⁶	煤阻/Ω
5	89.4	70.00	120	19.84	79.58	305.1	7 883	2.513	38.31	6.28	84.44	0.127 7	3.17	0.013 2	0.969		127.3
6	90.2	80.00	120	19.23	78.59	618.4	14 240	2.270	59.28	11.37	130.84	0.385 3	8.87	0.012 0	—		131.2
7	100.1	90.00	120	16.65	71.95	1 475	34 190	4.157	156.28	43.44	344.92	1.422 6	56.16	0.021 9	1.125	2.055	135.1
8	110.2	100.26	120	11.45	73.32	2 544	66 580	7.063	408.94	170.28	901.30	6.918 7	285.76	0.037 2	2.065	4.58	139.1
9	120.2	110.00	120	9.89	84.15	3 172	87 570	10.82	507.97	256.99	1 118.95	15.901 5	466.60	0.057 0	3.212	7.648	142.9
10	140.2	120.00	120	7.21	87.66	3 446	82 920	13.08	720.11	351.34	1 588.61	26.068 3	627.27	0.068 9	3.868	9.692	146.8
11	150.1	130.00	120	3.295	87.27	4 217	80 480	18.35	1 243.86	598.56	2 752.24	55.267 5	1 054.76	0.096 6	5.202	13.32	150.7
12	160.1	139.74	120	1.002	85.16	5 917	81 740	27.45	2 032.39	1 003.75	4 221.18	79.389 5	1 759.81	0.144 5	7.008	19.00	154.5
13	180.0	150.00	120	1.351	84.77	7 061	96 970	44.20	1 827.12	1 034.82	4 077.09	100.443 5	1 882.65	0.232 7	10.26	31.89	158.5
14	189.0	160.77	120	0.536	80.53	8 083	116 800	75.04	2 433.60	1 612.33	4 450.84	119.536 8	3 031.71	0.395 1	14.68	44.70	162.4
15	199.4	170.00	120	0.579	80.80	9 424	134 300	117.9	2 372.78	1 782.25	5 136.17	152.335 7	3 412.61	0.620 7	19.33	56.51	166.3

附表 5 色连矿长焰煤样程序升温实验结果数据表（混样，LDHs-43%）

混样	箱温/℃	煤温/℃	流量/(mL/min)	O_2/%	N_2/%	CO/×10⁻⁶	CO_2/×10⁻⁶	CH_4/×10⁻⁶	$q_{max}(T)$/×10⁻⁵ mL/min	$q_{min}(T)$/×10⁻⁵ mL/min	耗氧速度/×10⁻¹¹ mol/(cm³·s)	CO产生率/×10⁻¹¹ mol/(cm³·s)	CO_2产生率/×10⁻¹¹ mol/(cm³·s)	CH_4产生率/×10⁻¹¹ mol/(cm³·s)	C_2H_6/×10⁻⁶	C_2H_4/×10⁻⁶	煤阻/Ω
1	38.3	30.00	120	20.59	74.8	4.559	596.9	1.703	13.41	1.76	29.03	0.000 6	0.1	0.009 0			111.7
2	49.8	40.00	120	20.4	76.22	6.342	768.0	2.605	19.71	2.60	43.08	0.001 3	0.2	0.013 7			115.6
3	59.9	50.00	120	20.08	76.3	11.60	939.7	2.805	30.43	4.05	66.57	0.003 7	0.3	0.014 8			119.5
4	70.1	60.00	120	19.91	77.87	30.68	1 428	3.025	36.11	4.89	79.20	0.011 6	0.5	0.015 9			123.4
5	80.1	70.00	120	19.57	70.82	89.35	2 358	3.292	47.55	6.67	104.80	0.044 6	1.2	0.017 3			127.3
6	90.2	80.00	120	19.13	74.38	285.5	4 762	3.162	62.51	9.48	138.59	0.188 4	3.1	0.016 6			131.2

续附表 5

混样	箱温/℃	煤温/℃	流量/(mL/min)	O_2/%	N_2/%	CO/$\times10^{-6}$	CO_2/$\times10^{-6}$	CH_4/$\times10^{-6}$	$q_{max}(T)$/$\times10^{-5}$/mL·min	$q_{min}(T)$/$\times10^{-5}$/mL·min	耗氧速度/$\times10^{-11}$/mol·(cm³·s)	CO产生率/$\times10^{-11}$/mol·(cm³·s)	CO_2产生率/$\times10^{-11}$/mol·(cm³·s)	CH_4产生率/$\times10^{-11}$/mol·(cm³·s)	C_2H_6/$\times10^{-6}$	C_2H_4/$\times10^{-6}$	煤阻/Ω
7	100.1	90.00	120	16.22	74.10	605.9	9 249	3.886	172.84	29.69	383.80	1.107 4	16.9	0.020 5			135.1
8	110.1	100.00	120	11.20	74.99	1 377	20 820	4.786	420.60	93.74	934.11	6.125 1	92.6	0.025 2		1.589	139.0
9	120.0	110.00	120	8.29	77.42	2 729	47 880	7.755	623.44	212.10	1 381.19	17.948 9	314.9	0.040 8	1.29	3.146	142.9
10	129.7	120.00	120	6.91	78.12	4 275	102 900	11.36	748.74	429.84	1 651.76	33.625 2	809.4	0.059 8	2.99	6.987	146.8
11	139.7	130.00	120	2.899	77.49	4 673	133 400	21.10	1 336.26	938.04	2 942.50	65.477 7	1 869.2	0.111 1	4.254	10.34	150.7
12	149.8	140.00	120	1.026	84.07	4 837	118 100	24.06	2 033.83	1 300.37	4 486.00	103.327 6	2 522.8	0.126 7	5.205	11.99	154.6
13	160.0	151.28	120	1.259	82.18	5 890	76 280	27.45	1 877.48	884.82	4 181.89	117.292 2	1 519.0	0.144 5	6.304	15.97	159.0
14	170.0	160.00	120	0.583	86.29	6 227	96 450	38.28	2 399.14	1 333.62	5 325.94	147.926 8	2 446.1	0.201 5	7.572	17.36	162.4
15	179.8	170.00	120	0.552	85.18	7 780	106 200	50.69	2 430.09	1 464.83	5 407.13	172.321 5	2 734.5	0.266 9	9.756	24.09	166.3

附表 6 色连矿长焰煤样程序升温实验结果数据表（混样，LDHs=53%）

混样	箱温/℃	煤温/℃	流量/(mL/min)	O_2/%	N_2/%	CO/$\times10^{-6}$	CO_2/$\times10^{-6}$	CH_4/$\times10^{-6}$	$q_{max}(T)$/$\times10^{-5}$/mL·min	$q_{min}(T)$/$\times10^{-5}$/mL·min	耗氧速度/$\times10^{-11}$/mol·(cm³·s)	CO产生率/$\times10^{-11}$/mol·(cm³·s)	CO_2产生率/$\times10^{-11}$/mol·(cm³·s)	CH_4产生率/$\times10^{-11}$/mol·(cm³·s)	C_2H_6/$\times10^{-6}$	C_2H_4/$\times10^{-6}$	煤阻/Ω
1	37.5	30.00	120	20.87	74.42	4.918	883.5	1.936	4.23	0.56	9.23	0.000	0.04	0.010 2			111.7
2	49.9	40.00	120	20.75	75.9	5.991	1 044	2.264	8.15	8.15	17.80	0.001	0.09	0.011 9			115.6
3	60.0	50.00	120	20.61	74.17	9.422	1 278	2.386	12.75	12.75	27.86	0.001	0.17	0.012 6			119.5
4	70.3	60.51	120	20.09	74.15	27.56	2 042	2.463	30.08	30.08	65.83	0.009	0.64	0.013 0			123.6
5	80.2	70.00	120	19.77	75.38	81.76	3 494	2.173	40.87	40.87	89.69	0.035	1.49	0.011 4			127.3
6	90.2	80.00	120	19.56	74.09	219.2	6 450	3.400	47.95	47.95	105.56	0.110	3.24	0.017 9			131.2
7	100.2	90.00	120	18.78	74.75	575.5	12 850	2.536	75.19	75.95	166.03	0.455	10.16	0.013 4			135.1
8	110.2	100.00	120	18.03	77.71	1 308	27 260	3.557	102.53	102.53	226.59	1.411	29.41	0.018 7		1.985	139.0

续附表 6

混样	箱温/℃	煤温/℃	流量/(mL/min)	O_2/%	N_2/%	CO/×10^{-6}	CO_2/×10^{-6}	CH_4/×10^{-6}	$q_{max}(T)$/×10^{-5} mL/min	$q_{min}(T)$/×10^{-5} mL/min	耗氧速度/×10^{-11} mol/(cm³·s)	CO产生率/×10^{-11} mol/(cm³·s)	CO_2产生率/×10^{-11} mol/(cm³·s)	CH_4产生率/×10^{-11} mol/(cm³·s)	C_2H_6/×10^{-6}	C_2H_4/×10^{-6}	煤阻/Ω
9	120.1	111.03	120	10.41	76.07	3 141	84 290	8.291	473.27	473.27	1 042.81	15.597	418.56	0.043 7	1.920	4.969	143.3
10	129.1	120.00	120	7.542	77.37	3 630	102 300	11.54	690.96	690.96	1 521.71	26.304	741.29	0.060 8	2.707	6.783	146.8
11	139.7	130.00	120	3.856	80.87	4 190	113 100	15.38	1 143.11	1 143.11	2 518.60	50.252	1 356.45	0.081 0	3.736	9.349	150.7
12	149.8	140.00	120	0.889 2	83.23	4 626	110 500	19.43	2 129.712	2 129.71	3 698.65	83.505	2 472.39	0.102 3	4.591	11.47	154.6
13	160.0	150.00	120	1.432	84.71	5 448	102 100	24.48	1 803.05	1 803.05	3 990.57	103.527	1 940.18	0.128 9	5.661	14.65	158.5
14	170.2	160.00	120	0.538	84.16	6 738	98 160	34.47	2 450.242	2 450.24	4 445.31	134.717	2 545.29	0.181 5	7.270	21.2	162.4
15	180.0	170.00	120	0.620 7	85.61	8 203	106 000	46.18	2 349.202	2 349.20	4 632.83	164.404	2 641.33	0.243 1	9.446	26.75	166.3

附表 7　色连矿长焰煤样程序升温实验结果数据表（混样，LDHs-15%）

混样	箱温/℃	煤温/℃	流量/(mL/min)	O_2/%	N_2/%	CO/×10^{-6}	CO_2/×10^{-6}	CH_4/×10^{-6}	$q_{max}(T)$/×10^{-5} mL/min	$q_{min}(T)$/×10^{-5} mL/min	耗氧速度/×10^{-11} mol/(cm³·s)	CO产生率/×10^{-11} mol/(cm³·s)	CO_2产生率/×10^{-11} mol/(cm³·s)	CH_4产生率/×10^{-11} mol/(cm³·s)	C_2H_6/×10^{-6}	C_2H_4/×10^{-6}	煤阻/Ω
1	32.4	30.00	120	20.37	74.89	6.586	459.2	2.354	20.68	2.71	45.26	0.001	0.10	0.012 4			111.7
2	49.9	40.26	120	20.31	75.16	9.469	691.1	2.118	22.68	2.99	49.65	0.002	0.16	0.011 2			115.7
3	60.1	50.00	120	20.19	70.00	11.56	1 260	3.343	26.74	3.59	58.45	0.003	0.35	0.017 6			119.5
4	70.1	63.85	120	20.08	74.38	31.98	2 201	3.969	30.41	4.21	66.57	0.010	0.70	0.020 9			124.9
5	80.1	70.00	120	19.94	76.25	94.04	2 927	4.025	34.98	4.98	76.97	0.034	1.07	0.021 2			127.3
6	90.1	82.05	120	16.81	77.09	304.4	6 785	6.481	149.77	23.91	330.71	0.479	10.68	0.034 1			132.0
7	100.2	92.56	120	15.01	78.90	840.4	13 600	6.816	224.95	42.89	499.01	1.997	32.32	0.035 9		1.689	136.1
8	110.1	102.82	120	12.62	77.84	1 632	28 900	7.428	341.62	87.82	756.73	5.881	104.14	0.039 1	1.567	3.981	140.1
9	120.0	111.54	120	10.01	77.65	2 125	45 890	8.128	498.44	164.07	1 101.03	11.141	240.60	0.042 8	2.421	6.604	143.5
10	130.1	119.23	120	7.14	74.32	3 750	82 800	11.68	725.93	354.79	1 603.11	28.627	632.08	0.061 5	4.365	9.312	146.5

续附表 7

混样	箱温/℃	煤温/℃	流量/(mL/min)	O_2/%	N_2/%	CO/$\times10^{-6}$	CO_2/$\times10^{-6}$	CH_4/$\times10^{-6}$	$q_{max}(T)$/$\times10^{-5}$/mL/min	耗氧速度/$\times10^{-11}$/mol/(cm³·s)	CO产生率/$\times10^{-11}$/mol/(cm³·s)	CO_2产生率/$\times10^{-11}$/mol/(cm³·s)	CH_4产生率/$\times10^{-11}$/mol/(cm³·s)	C_2H_6/$\times10^{-6}$	C_2H_4/$\times10^{-6}$	煤阻/Ω
11	140.1	130.00	120	4.311	80.16	5 033	125 900	14.28	1 067.01	2 352.85	56.390	1 410.59	0.075 2	5.731	10.26	150.7
12	150.2	140.00	120	2.736	81.81	5 696	10 029	17.43	1 239.42	3 028.50	76.144	1 440.63	0.091 8	6.029	13.93	154.6
13	160.2	150.26	120	1.739	84.91	6 719	96 730	21.28	1 665.40	3 701.93	118.444	1 705.18	0.112 0	6.724	17.04	158.6
14	170.1	160.00	120	2.003	81.30	7 339	95 120	38.04	1 567.73	3 491.90	122.034	1 581.67	0.200 3	8.221	24.04	162.4
15	180.0	170.00	120	1.856	80.39	8 425	98 820	47.43	1 615.17	3 605.17	144.636	1 696.49	0.249 7	8.858	29.56	166.3

附表 8　色连矿长焰煤样程序升温实验结果数据表（混样，LDHs-25%）

混样	箱温/℃	煤温/℃	流量/(mL/min)	O_2/%	N_2/%	CO/$\times10^{-6}$	CO_2/$\times10^{-6}$	CH_4/$\times10^{-6}$	$q_{max}(T)$/$\times10^{-5}$/mL/min	$q_{min}(T)$/$\times10^{-5}$/mL/min	耗氧速度/$\times10^{-11}$/mol/(cm³·s)	CO产生率/$\times10^{-11}$/mol/(cm³·s)	CO_2产生率/$\times10^{-11}$/mol/(cm³·s)	CH_4产生率/$\times10^{-11}$/mol/(cm³·s)	C_2H_6/$\times10^{-6}$	C_2H_4/$\times10^{-6}$	煤阻/Ω
1	38.1	30.00	120	20.36	75.81	5.245	733.9	2.69	21.05	2.78	45.99	0.000 7	0.2	0.014 2			111.7
2	50.0	40.00	120	20.30	74.57	7.048	860.9	2.839	23.05	3.06	50.38	0.001 1	0.2	0.014 9			115.6
3	60.2	50.77	120	20.12	72.05	14.99	1 316	3.168	29.08	3.91	63.61	0.003 1	0.4	0.016 7			119.8
4	70.2	60.00	120	20.01	72.73	37.79	2 065	2.616	32.74	4.52	71.76	0.010 0	0.7	0.013 8			123.4
5	79.4	70.00	120	19.98	72.80	70.55	2 897	2.904	36.76	5.21	80.70	0.021 6	1.1	0.015 3			127.3
6	90.0	80.00	120	16.80	73.75	247.9	6 019	3.905	150.32	23.47	331.59	0.100 6	9.5	0.020 6			131.2
7	100.2	90.00	120	15.11	75.61	681.5	13 000	4.155	221.06	41.38	489.14	0.308 2	30.3	0.021 9			135.1
8	110.1	100.77	120	12.66	76.44	1 262	24 230	6.504	339.90	80.24	752.02	1.546 9	86.8	0.034 2		1.689	139.3
9	120.1	110.00	120	9.93	78.17	2 378	54 260	6.12	504.18	183.98	1 112.95	8.031 0	287.7	0.032 2	1.567	4.981	142.9
10	129.3	120.00	120	7.05	78.39	3 515	90 480	16.81	735.78	382.20	1 621.96	22.196 7	698.8	0.088 5	2.640	6.773	146.8
11	140.1	130.00	120	4.299	80.12	4 035	111 100	14.28	1 069.98	649.45	2 357.00	45.109 2	1 247.0	0.103 4	4.230	12.48	150.7
12	149.6	140.77	120	2.466	78.3	4 088	103 600	17.43	1 443.64	831.79	3 182.89	61.960 3	1 570.2	0.116 0	4.774	11.80	154.9

续附表 8

混样	箱温/℃	煤温/℃	流量/(mL/min)	O_2/%	N_2/%	CO/$\times 10^{-6}$	CO_2/$\times 10^{-6}$	CH_4/$\times 10^{-6}$	$q_{max}(T)$/$\times 10^{-5}$ mL/min	$q_{min}(T)$/$\times 10^{-5}$ mL/min	耗氧速度/$\times 10^{-11}$ mol/(cm³·s)	CO产生率/$\times 10^{-11}$ mol/(cm³·s)	CO_2产生率/$\times 10^{-11}$ mol/(cm³·s)	CH_4产生率/$\times 10^{-11}$ mol/(cm³·s)	C_2H_6/$\times 10^{-6}$	C_2H_4/$\times 10^{-6}$	煤阻/Ω
13	159.9	150.51	120	1.957	84.11	4 647	96 620	21.28	1 595.64	877.18	3 526.43	78.034 8	1 622.5	0.126 0	5.680	14.70	158.7
14	169.6	160.00	120	1.621	83.06	5 594	93 770	38.04	1 716.88	930.68	3 806.35	101.393 8	1 699.6	0.158 3	6.789	18.24	162.4
15	179.6	170.00	120	1.752	83.36	7 203	98 230	47.43	1 658.73	941.21	3 690.86	126.596 6	1 726.4	0.217 1	8.420	24.45	166.3

附表 9　色连矿长焰煤样程序升温实验结果数据表(混样，LDHs-35%)

混样	箱温/℃	煤温/℃	流量/(mL/min)	O_2/%	N_2/%	CO/$\times 10^{-6}$	CO_2/$\times 10^{-6}$	CH_4/$\times 10^{-6}$	$q_{max}(T)$/$\times 10^{-5}$ mL/min	$q_{min}(T)$/$\times 10^{-5}$ mL/min	耗氧速度/$\times 10^{-11}$ mol/(cm³·s)	CO产生率/$\times 10^{-11}$ mol/(cm³·s)	CO_2产生率/$\times 10^{-11}$ mol/(cm³·s)	CH_4产生率/$\times 10^{-11}$ mol/(cm³·s)	C_2H_6/$\times 10^{-6}$	C_2H_4/$\times 10^{-6}$	煤阻/Ω
1	35.7	30.00	120	20.36	78.87	9.954	512.2	3.035	20.98	2.76	45.99	0.002 2	0.11	0.016 0			111.7
2	49.4	40.00	120	20.35	77.64	9.895	530.1	2.538	21.32	2.80	46.72	0.002 2	0.12	0.013 4			115.6
3	58.3	50.00	120	20.23	77.24	20.97	820.4	2.351	25.28	3.36	55.51	0.005 5	0.22	0.012 4			119.5
4	67.6	60.00	120	20.12	78.12	66.98	1 477	2.489	28.81	3.94	63.61	0.020 3	0.45	0.013 1			123.4
5	74.7	70.00	120	20.01	77.56	221.6	2 981	3.391	32.24	4.66	91.76	0.075 7	1.02	0.017 9			127.3
6	89.5	80.00	120	16.73	77.52	373.8	4 703	2.856	151.56	23.11	337.79	0.601 3	7.56	0.015 0			131.2
7	99.6	90.00	120	15.03	76.86	852.9	9 835	3.804	222.59	39.16	497.03	1.318 6	23.28	0.020 0			135.1
8	100.1	100.00	120	12.95	80.82	2 114	35 280	6.104	324.00	92.53	718.37	7.231 6	120.69	0.032 1		2.389	139.0
9	118.8	110.51	120	10.11	81.49	3 251	69 800	8.899	491.72	212.84	1 086.26	14.816 3	361.05	0.046 9	1.822	4.541	143.1
10	129.1	120.00	120	7.13	80.98	4 079	109 900	13.22	728.53	438.72	1 605.19	31.178 9	840.05	0.069 6	3.081	7.464	146.8
11	139.6	130.00	120	4.322	82.80	4 077	113 100	16.65	1 066.47	656.33	2 349.07	45.605 5	1 265.14	0.087 7	3.880	9.187	150.7
12	150.1	141.79	120	2.281	84.26	5 027	94 210	20.18	1 490.48	806.99	3 298.77	78.966 3	1 479.89	0.106 2	4.071	11.26	155.3
13	159.8	150.00	120	1.892	86.48	4 754	88 230	21.57	1 615.79	833.02	3 576.62	80.967 9	1 502.69	0.113 6	4.936	12.46	158.5
14	167.4	160.00	120	1.995	83.03	5 785	83 540	28.13	1 573.68	787.97	3 497.85	96.357 5	1 391.48	0.148 1	6.053	15.65	162.4
15	179.7	170.51	120	2.102	87.14	7 676	93 100	41.64	1 533.42	840.82	3 420.22	125.017 0	1 516.30	0.219 2	8.238	23.40	166.5

附表 10　色连矿长焰煤样程序升温实验结果数据表（混样，LDHs-45%）

混样	箱温/℃	煤温/℃	流量/(mL/min)	O_2/%	N_2/%	CO/$\times10^{-6}$	CO_2/$\times10^{-6}$	CH_4/$\times10^{-6}$	$q_{max}(T)$/$\times10^{-5}$ mL/min	$q_{min}(T)$/$\times10^{-5}$ mL/min	耗氧速率/$\times10^{-11}$ mol/(cm³·s)	CO产生率/$\times10^{-11}$ mol/(cm³·s)	CO_2产生率/$\times10^{-11}$ mol/(cm³·s)	CH_4产生率/$\times10^{-11}$ mol/(cm³·s)	C_2H_6/$\times10^{-6}$	C_2H_4/$\times10^{-6}$	煤阻/Ω
1	49.6	30.00	120	20.32	77.58	9.835	543.7	3.503	22.32	2.94	48.91	0.001 8	0.126 6	0.184 4			111.7
2	60.2	40.00	120	20.3	75.89	9.271	573.3	3.139	23.00	3.03	50.38	0.002 2	0.137 5	0.165 3			115.6
3	70.2	50.00	120	20.04	76.65	21.27	973.8	3.758	31.70	4.23	69.53	0.005 8	0.322 4	0.197 9			119.5
4	80.2	60.00	120	19.97	75.34	58.77	1 369	3.329	33.86	4.61	74.73	0.019 5	0.487 2	0.175 3			123.4
5	99.9	70.00	120	19.75	75.98	171.7	2 967	3.854	41.15	5.92	91.19	0.060 5	1.288 4	0.202 9			127.3
6	110.1	80.77	120	16.59	77.58	490.9	6 882	4.036	157.50	25.47	350.28	0.211 4	11.479 2	0.212 5			131.5
7	110.2	94.36	120	15.12	76.32	830.1	14 250	5.101	220.27	42.55	488.16	0.393 3	33.124 8	0.268 6			136.8
8	128.2	100.77	120	12.23	80.53	2 024	34 930	6.465	362.54	102.85	803.37	3.324 3	133.627 9	0.340 4	1.712	1.236	139.3
9	130.1	110.00	120	10.12	75.52	3 899	59 000	8.125	488.46	191.14	1 084.79	17.516 3	304.774 2	0.427 8	2.952	3.893	142.9
10	140.1	120.00	120	7.02	80.50	4 184	115 900	12.17	739.23	463.85	1 628.29	30.921 1	898.662 6	0.640 8	5.285	6.925	146.8
11	160.0	130.00	120	4.201	80.03	4 421	136 200	16.10	1 086.72	774.30	2 391.26	39.967 1	1 550.904 9	0.847 7	5.824	12.63	150.7
12	170.1	140.00	120	2.51	85.90	5 356	103 280	19.28	1 426.83	828.01	3 156.61	75.654 0	1 552.450 7	1.015 1	6.537	15.13	154.6
13	179.9	150.00	120	1.945	86.94	6 060	92 120	27.72	1 592.12	855.43	3 535.57	90.869 2	1 550.936 1	1.459 5	7.808	19.84	158.5
14	180.0	160.00	120	1.678	84.72	7 142	85 400	39.57	1 683.00	865.57	3 754.99	127.705 4	1 527.029 4	2.083 4	8.994	24.22	162.4
15	199.1	170.00	120	1.583	85.39	8 130	96 110	48.18	1 721.39	968.61	3 841.60	148.724 6	1 758.170 2	2.536 7		29.42	166.3

附表 11　色连矿长焰煤样程序升温实验结果数据表（混样，LDHs-55%）

混样	箱温/℃	煤温/℃	流量/(mL/min)	O_2/%	N_2/%	CO/$\times10^{-6}$	CO_2/$\times10^{-6}$	CH_4/$\times10^{-6}$	$q_{max}(T)$/$\times10^{-5}$ mL/min	$q_{min}(T)$/$\times10^{-5}$ mL/min	耗氧速率/$\times10^{-11}$ mol/(cm³·s)	CO产生率/$\times10^{-11}$ mol/(cm³·s)	CO_2产生率/$\times10^{-11}$ mol/(cm³·s)	CH_4产生率/$\times10^{-11}$ mol/(cm³·s)	C_2H_6/$\times10^{-6}$	C_2H_4/$\times10^{-6}$	煤阻/Ω
1	39.5	30.00	120	20.54	75.30	5.301	613.3	5.497	15.06	1.98	32.91	0.000 8	0.096 1	0.289 4			111.7
2	50.2	40.00	120	20.41	77.01	24.62	903.1	4.344	19.27	2.57	42.35	0.005 0	0.182 1	0.228 7			115.6

续附表 11

混样	箱温/℃	煤温/℃	流量/(mL/min)	O_2/%	N_2/%	CO/$\times10^{-6}$	CO_2/$\times10^{-6}$	CH_4/$\times10^{-6}$	$q_{max}(T)$/$\times10^{-5}$ mL/min	$q_{min}(T)$/$\times10^{-5}$ mL/min	耗氧速度/$\times10^{-11}$ mol/(cm³·s)	CO产生率/$\times10^{-11}$ mol/(cm³·s)	CO_2产生率/$\times10^{-11}$ mol/(cm³·s)	CH_4产生率/$\times10^{-11}$ mol/(cm³·s)	C_2H_6/$\times10^{-6}$	C_2H_4/$\times10^{-6}$	煤阻/Ω
3	60.2	50.00	120	20.37	77.21	30.11	1 408	3.639	20.63	2.79	45.26	0.006 5	0.303 5	0.191 6			119.5
4	70.2	61.03	120	20.13	75.00	68.54	2 911	3.932	28.65	4.06	62.87	0.020 5	0.871 6	0.207 0			123.8
5	89.6	70.00	120	20.06	79.57	92.77	3 158	4.261	30.95	4.43	68.05	0.030 1	1.023 4	0.224 3			127.3
6	100.0	80.00	120	16.82	80.75	326.6	5 993	4.986	148.98	23.36	329.82	0.513 0	9.412 5	0.262 5			131.2
7	100.1	90.51	120	15.22	86.18	764.7	9 940	5.413	214.78	37.73	478.36	1.741 9	22.642 4	0.285 0		1.009	135.3
8	118.8	100.26	120	13.10	79.01	1 670	15 670	6.09	312.47	63.76	701.26	5.576 7	52.3271	0.320 6	1.068	2.706	139.1
9	129.5	110.00	120	10.28	78.72	2 471	47 440	7.58	479.77	161.77	1 061.48	12.490 1	239.793 2	0.399 1	4.152	5.531	142.9
10	140.0	120.00	120	7.12	80.77	3 015	127 000	9.77	732.24	489.46	1 607.27	23.075 9	972.018 2	0.514 4	5.187	12.180	146.8
11	150.2	130.00	120	4.654	83.60	4 027	173 700	13.94	1 020.25	883.76	2 239.09	42.9372	1 852.047 7	0.733 9	8.353	23.940	150.7
12	160.2	140.00	120	2.276	84.66	4 716	135 600	17.02	1 499.64	1 066.67	3 302.03	74.154 2	2 132.170 5	0.896 1	10.12	29.500	154.6
13	179.7	150.00	120	1.938	83.05	3 281	11 673	21.51	1 518.24	302.15	3 540.93	55.322 8	1 960.825 0	1.132 5	14.08	38.140	158.5
14	189.3	160.00	120	2.055	86.10	3 580	93 720	27.74	1 567.07	835.44	3 453.82	58.879 4	1 541.390 1	1.460 5	17.89	44.210	162.4
15	198.9	170.00	120	2.485	85.42	5 272	138 730	46.83	1 439.05	1 045.60	3 171.48	79.619 4	2 095.143 2	2.465 6	20.88	50.580	166.3

附表 12

色连矿长焰煤样程序升温实验结果数据表(混样,LDHs-110%)

混样	箱温/℃	煤温/℃	流量/(mL/min)	O_2/%	N_2/%	CO/$\times10^{-6}$	CO_2/$\times10^{-6}$	CH_4/$\times10^{-6}$	$q_{max}(T)$/$\times10^{-5}$ mL/min	$q_{min}(T)$/$\times10^{-5}$ mL/min	耗氧速度/$\times10^{-11}$ mol/(cm³·s)	CO产生率/$\times10^{-11}$ mol/(cm³·s)	CO_2产生率/$\times10^{-11}$ mol/(cm³·s)	CH_4产生率/$\times10^{-11}$ mol/(cm³·s)	C_2H_6/$\times10^{-6}$	煤阻/Ω
1	37.3	30.00	120	20.63	78.14	12.7	271.7	2.695	11.96	1.57	27.14	0.002	0.03	0.014 2		111.7
2	50	40.00	120	20.43	78.32	15.48	386.2	2.56	18.54	2.44	49.65	0.003	0.08	0.013 5		115.6
3	60.2	50.00	120	20.12	78.03	35.88	675.0	2.871	28.74	3.84	71.02	0.011	0.20	0.015 1		119.5
4	70.2	60.00	120	19.97	79.07	92.48	1 294	2.868	33.60	4.60	80.70	0.033	0.46	0.015 1	1.781	123.4

续附表 12

混样	箱温 /℃	煤温 /℃	流量 /(mL/min)	O_2 /%	N_2 /%	CO /×10⁻⁶	CO_2 /×10⁻⁶	CH_4 /×10⁻⁶	$q_{max}(T)$ /×10⁻⁵ mL/min	$q_{min}(T)$ /×10⁻⁵ mL/min	耗氧速度 /×10⁻¹¹ mol/(cm³·s)	CO产生率 /×10⁻¹¹ mol/(cm³·s)	CO_2产生率 /×10⁻¹¹ mol/(cm³·s)	CH_4产生率 /×10⁻¹¹ mol/(cm³·s)	C_2H_6 /×10⁻⁶	C_2H_4 /×10⁻⁶	煤阻 /Ω
5	80.1	70.00	120	19.87	77.43	216.8	2 410	3.513	36.78	5.25	104.04	0.085	0.94	0.018 5	2.031		127.3
6	90.0	80.00	120	18.12	79.79	480.1	4 363	2.997	97.59	14.88	242.34	0.501	4.55	0.015 8	3.194		131.2
7	90.2	90.77	120	17.71	80.83	1 168	11 780	4.473	113.04	20.99	304.42	1.408	14.20	0.023 6	5.305		135.4
8	108.6	100.00	120	14.42	81.85	2 084	26 740	6.136	250.74	62.85	710.36	5.543	71.13	0.032 3	7.897		139.0
9	118.8	110.00	120	9.847	86.38	3 232	62 390	8.954	508.72	204.62	1 129.20	17.321	334.36	0.047 1	13.49	1.472	142.9
10	129.0	120.00	120	6.021	84.11	3 591	126 000	13.28	844.60	563.14	1 947.50	31.745	1 113.84	0.069 9	16.22	2.446	146.8
11	140.1	130.00	120	3.754	83.65	3 287	112 600	15.34	1 163.77	709.87	2 705.18	40.046	1 371.81	0.080 8	27.47	6.606	150.7
12	150.1	140.00	120	2.611	87.94	3 243	74 970	16.90	1 403.65	637.48	3 210.87	47.842	1 105.98	0.089 0	44.62	11.54	154.6
13	160.2	150.00	120	2.398	91.07	3 785	66 700	20.23	1 455.55	614.93	3 547.07	58.117	1 024.14	0.106 5	65.76	27.25	158.5
14	170.2	160.00	120	1.763	91.75	4 764	67 010	28.39	1 655.52	708.80	3 975.08	83.519	1 174.77	0.149 5	65.52	51.21	162.4
15	180.0	170.00	120	1.605	86.80	6 395	75 900	42.33	1 712.35	808.13	3 843.47	116.361	1 381.05	0.222 9	58.66	64.13	166.3

附表 13 色连矿长焰煤样程序升温实验结果数据表（混样,LDHs-210%）

混样	箱温 /℃	煤温 /℃	流量 /(mL/min)	O_2 /%	N_2 /%	CO /×10⁻⁶	CO_2 /×10⁻⁶	CH_4 /×10⁻⁶	$q_{max}(T)$ /×10⁻⁵ mL/min	$q_{min}(T)$ /×10⁻⁵ mL/min	耗氧速度 /×10⁻¹¹ mol/(cm³·s)	CO产生率 /×10⁻¹¹ mol/(cm³·s)	CO_2产生率 /×10⁻¹¹ mol/(cm³·s)	CH_4产生率 /×10⁻¹¹ mol/(cm³·s)	C_2H_6 /×10⁻⁶	C_2H_4 /×10⁻⁶	煤阻 /Ω
1	37.8	31.28	120	20.63	79.37	26.82	429	2.973	11.91	1.58	26.42	0.003 4	0.1	0.015 7			112.2
2	60.2	40.77	120	20.37	79.91	29.84	747	2.968	20.53	2.74	45.26	0.006 4	0.2	0.015 6			115.9
3	70.2	50.00	120	20.01	78.18	84.52	1 390	2.965	32.36	4.43	71.76	0.028 9	0.5	0.015 6			119.5
4	80.1	60.00	120	19.98	78.15	88.3	1 968	2.869	33.51	4.65	73.99	0.031 1	0.7	0.015 1			123.4
5	90.2	70.00	120	19.75	76.67	315.1	3 322	4.300	40.76	5.99	91.19	0.136 8	1.4	0.022 6			127.3
6	99.0	80.00	120	17.95	79.44	691.5	5 890	4.853	103.63	16.58	233.20	0.767 9	6.5	0.025 6			131.2

续附表 13

混样	箱温/℃	煤温/℃	流量/(mL/min)	O₂/%	N₂/%	CO/×10⁻⁶	CO₂/×10⁻⁶	CH₄/×10⁻⁶	$q_{max}(T)$/×10⁻⁵ mL/min	$q_{min}(T)$/×10⁻⁵ mL/min	耗氧速度/×10⁻¹¹ mol/(cm³·s)	CO产生率/×10⁻¹¹ mol/(cm³·s)	CO₂产生率/×10⁻¹¹ mol/(cm³·s)	CH₄产生率/×10⁻¹¹ mol/(cm³·s)	C₂H₆/×10⁻⁶	C₂H₄/×10⁻⁶	煤阻/Ω
7	109.9	91.03	120	17.28	81.13	1 184	10 970	6.011	129.06	23.57	289.73	1.633 5	15.1	0.061 6			135.5
8	119.5	100.00	120	13.35	83.69	2 041	31 100	8.98	303.15	81.29	673.16	6.542 5	99.7	0.047 3		1.539	139.0
9	130.0	110.00	120	9.743	85.72	2 907	79 020	15.53	517.99	243.15	1 141.20	15.797 5	429.4	0.081 8	1.99	5.92	142.9
10	140.2	120.00	120	5.899	86.68	3 046	130 600	18.49	859.71	587.60	1 886.83	27.368 0	1 173.4	0.097 3	3.265	7.87	146.8
11	150.1	130.00	120	3.425	84.28	3 176	114 900	22.71	1 226.30	759.11	2 694.73	40.754 7	1 474.4	0.119 6	3.935	8.59	150.7
12	170.2	140.26	120	2.542	86.13	3 834	94 100	26.77	1 422.67	762.26	3 137.78	57.587 0	1 406.0	0.140 9	5.66	9.39	154.7
13	179.8	150.00	120	2.048	81.93	4 967	88 560	29.20	1 561.66	808.70	3 458.89	81.811 0	1 458.7	0.153 7	6.727	15.73	158.5
14	189.6	160.00	120	1.603	79.28	6 721	96 300	34.54	1 719.69	958.54	3 822.94	122.352 2	1 753.1	0.181 9	8.76	19.37	162.4
15	199.2	170.77	120	1.596	84.04	7 772	99 250	46.39	1 718.75	986.72	3 829.44	141.725 8	1 809.9	0.244 2	10.84	24.77	166.6

附表 14　色连矿长焰煤样程序升温实验结果数据表（混样，LDHs=310%）

混样	箱温/℃	煤温/℃	流量/(mL/min)	O₂/%	N₂/%	CO/×10⁻⁶	CO₂/×10⁻⁶	CH₄/×10⁻⁶	$q_{max}(T)$/×10⁻⁵ mL/min	$q_{min}(T)$/×10⁻⁵ mL/min	耗氧速度/×10⁻¹¹ mol/(cm³·s)	CO产生率/×10⁻¹¹ mol/(cm³·s)	CO₂产生率/×10⁻¹¹ mol/(cm³·s)	CH₄产生率/×10⁻¹¹ mol/(cm³·s)	C₂H₆/×10⁻⁶	C₂H₄/×10⁻⁶	煤阻/Ω
1	39.3	30.26	120	20.62	76.72	12.42	4271.9	1.817	12.35	1.63	27.14	0.001 6	0.06	0.009 6			111.8
2	49.9	40.00	120	20.45	74.27	14.20	606.2	2.209	17.97	2.37	39.44	0.002 7	0.11	0.011 6			115.6
3	59.9	50.00	120	20.29	76.01	29.86	974.1	2.087	23.24	3.11	51.11	0.007 3	0.24	0.011 0			119.5
4	69.9	60.00	120	20.01	76.00	85.32	1 635	2.174	32.43	4.46	71.76	0.029 2	0.56	0.011 4			123.4
5	79.8	70.00	120	19.87	74.14	211.0	3 077	2.264	36.99	5.35	82.19	0.082 6	1.20	0.011 9			127.3
6	89.8	80.00	120	19.18	76.76	505.3	5 719	2.731	60.30	9.50	134.71	0.324 1	3.67	0.014 4			131.2
7	99.7	90.00	120	17.98	78.03	1 145	12 180	3.235	103.13	19.29	230.72	1.258 0	13.38	0.017 0			135.1
8	109.7	100.00	120	14.53	77.47	1 947	25 120	4.505	245.63	59.81	547.30	5.139 4	65.47	0.023 7			139.0

续附表 14

混样	箱温/℃	煤温/℃	流量/(mL/min)	O_2/%	N_2/%	CO/$\times10^{-6}$	CO_2/$\times10^{-6}$	CH_4/$\times10^{-6}$	$q_{max}(T)$/$\times10^{-5}$ mL/min	$q_{min}(T)$/$\times10^{-5}$ mL/min	耗氧速度/$\times10^{-11}$ mol/(cm³·s)	CO产生率/$\times10^{-11}$ mol/(cm³·s)	CO_2产生率/$\times10^{-11}$ mol/(cm³·s)	CH_4产生率/$\times10^{-11}$ mol/(cm³·s)	C_2H_6/$\times10^{-6}$	C_2H_4/$\times10^{-6}$	煤阻/Ω
9	118.9	110.00	120	9.149	80.45	3 086	67 090	7.778	558.99	235.30	1 234.68	16.143 9	394.45	0.041 0	2.219		142.9
10	129.4	120.00	120	6.057	81.17	3 424	105 800	10.81	839.65	489.02	1 847.55	30.123 9	930.81	0.056 9	3.301	7.172	147.0
11	139.4	130.00	120	3.829	79.89	3 324	113 700	13.51	1 150.38	707.12	2 529.04	40.031 1	1 369.30	0.071 1	4.026	8.648	150.7
12	149.8	140.00	120	2.665	82.02	3 208	95 250	15.90	1 393.59	749.51	3 067.57	46.860 7	1 391.36	0.083 7	4.380	9.462	154.6
13	160.0	150.00	120	3.103	84.91	3 467	75 360	18.57	1 286.44	587.60	2 841.45	46.911 0	1 019.67	0.097 8	4.811	10.82	158.5
14	170.2	160.00	120	1.829	89.81	4 797	79 110	28.32	1 635.53	781.98	3 626.95	82.849 8	1 366.32	0.149 1	6.527	15.77	162.4
15	180.2	170.00	120	1.611	90.11	6 160	97 930	41.64	1 719.52	965.84	3 815.54	111.922 5	1 779.31	0.219 2	8.217	21.65	166.3

附表 15 色连矿长焰煤样程序升温实验结果数据表(混样, LDHs-410%)

混样	箱温/℃	煤温/℃	流量/(mL/min)	O_2/%	N_2/%	CO/$\times10^{-6}$	CO_2/$\times10^{-6}$	CH_4/$\times10^{-6}$	$q_{max}(T)$/$\times10^{-5}$ mL/min	$q_{min}(T)$/$\times10^{-5}$ mL/min	耗氧速度/$\times10^{-11}$ mol/(cm³·s)	CO产生率/$\times10^{-11}$ mol/(cm³·s)	CO_2产生率/$\times10^{-11}$ mol/(cm³·s)	CH_4产生率/$\times10^{-11}$ mol/(cm³·s)	C_2H_6/$\times10^{-6}$	C_2H_4/$\times10^{-6}$	煤阻/Ω
1	27.9	30.00	120	20.62	78.23	14.04	705.6	2.696	12.38	1.64	27.14	0.001 8	0.091 2	0.141 9			111.7
2	49.7	40.51	120	20.31	77.93	11.91	8 061	2.350	22.68	3.01	49.65	0.002 8	0.190 6	0.125 3			115.8
3	59.9	50.00	120	20.02	78.70	25.55	1 250	2.260	32.38	4.36	71.02	0.008 6	0.422 7	0.119 3			119.5
4	70.0	60.00	120	19.89	76.94	48.91	1 754	2.133	36.72	5.04	80.70	0.018 8	0.674 0	0.112 3			123.4
5	80.1	70.77	120	19.58	77.85	123.5	2 951	1.897	47.16	6.74	104.04	0.061 2	1.462 0	0.099 9			127.6
6	90.1	80.00	120	17.84	79.30	353.5	5 971	2.880	109.32	17.16	242.34	0.407 9	6.890 4	0.151 6			131.2
7	100.1	90.00	120	17.11	80.87	783.3	10 790	3.482	136.84	24.51	304.42	1.135 5	15.641 4	0.183 3			135.1
8	110.1	100.00	120	13.02	82.94	1 533	22 260	4.261	319.62	73.38	710.36	5.185 6	75.298 0	0.224 3			139.0
9	119.9	110.26	120	9.822	86.61	2 190	38 830	5.444	509.78	153.19	1 129.20	11.776 0	208.795 2	0.286 6	1.429	3.152	143.0
10	129.4	120.00	120	5.663	85.27	3 304	81 460	8.924	883.04	424.95	1 947.50	30.640 6	755.444 0	0.469 8	2.886	6.404	146.8

续附表 15

混样	箱温/℃	煤温/℃	流量/(mL/min)	O_2/%	N_2/%	CO/$\times10^{-6}$	CO_2/$\times10^{-6}$	CH_4/$\times10^{-6}$	$q_{max}(T)$/$\times10^{-5}$ mL/min	$q_{min}(T)$/$\times10^{-5}$ mL/min	耗氧速度/$\times10^{-11}$ mol/(cm³·s)	CO产生率/$\times10^{-11}$ mol/(cm³·s)	CO_2产生率/$\times10^{-11}$ mol/(cm³·s)	CH_4产生率/$\times10^{-11}$ mol/(cm³·s)	C_2H_6/$\times10^{-6}$	C_2H_4/$\times10^{-6}$	煤阻/Ω
11	139.4	130.00	120	3.401	86.84	3 592	112 900	13.05	1229.60	753.16	2 705.18	46.271 5	1 454.358 5	0.687 1	3.986	9.052	150.7
12	149.7	140.00	120	2.420	88.57	3 296	100 460	15.07	1459.58	842.03	3 210.87	50.395 4	1 599.319 6	0.793 4	4.564	10.43	154.6
13	159.6	150.00	120	1.930	88.64	3 317	88 910	17.26	1609.79	824.35	3 547.07	56.026 0	1 501.763 5	0.908 7	4.829	11.66	158.5
14	169.6	160.00	120	1.447	88.66	4 004	87 690	22.14	1799.85	918.01	3 975.00	75.791 6	1 659.880 4	1.165 7	5.704	14.54	162.4
15	179.9	170.00	120	1.581	88.13	5 088	88 980	32.03	1734.79	902.27	3 843.47	93.121 9	1 628.534 9	1.686 4	7.06	19.59	166.3

附表 16 色连矿长焰煤样程序升温实验结果数据表（混样，LDHs-510%）

混样	箱温/℃	煤温/℃	流量/(mL/min)	O_2/%	N_2/%	CO/$\times10^{-6}$	CO_2/$\times10^{-6}$	CH_4/$\times10^{-6}$	$q_{max}(T)$/$\times10^{-5}$ mL/min	$q_{min}(T)$/$\times10^{-5}$ mL/min	耗氧速度/$\times10^{-11}$ mol/(cm³·s)	CO产生率/$\times10^{-11}$ mol/(cm³·s)	CO_2产生率/$\times10^{-11}$ mol/(cm³·s)	CH_4产生率/$\times10^{-11}$ mol/(cm³·s)	C_2H_6/$\times10^{-6}$	C_2H_4/$\times10^{-6}$	煤阻/Ω
1	34.9	30.00	120	20.61	79.53	13.19	679.1	2.509	12.05	1.59	26.42	0.001 7	0.085 4	0.132 1			111.7
2	49.7	40.00	120	20.49	80.61	11.99	795.4	2.389	16.69	2.21	36.53	0.002 1	0.138 4	0.125 8			115.6
3	60.0	50.00	120	20.33	80.23	22.96	1 339	2.256	21.99	2.97	48.18	0.005 3	0.307 2	0.118 8			119.5
4	70.1	60.00	120	20.13	82.56	57.70	2 289	2.162	28.63	3.99	62.87	0.017 3	0.685 3	0.113 8			123.4
5	80.2	70.00	120	19.97	79.70	191.1	4 777	2.397	33.89	5.11	74.73	0.068 0	1.700 0	0.126 2			127.3
6	90.1	80.00	120	19.64	84.22	519.9	9 747	2.773	44.95	7.78	99.49	0.246 3	4.617 9	0.146 0			131.2
7	100.1	90.00	120	18.12	83.22	1 110	19 520	3.558	98.94	21.38	219.19	1.158 6	20.374 5	0.187 3		1.429	135.1
8	110.1	100.26	120	14.71	85.17	2 150	38 780	5.96	238.88	71.69	529.01	5.416 0	97.689 9	0.313 8	1.102	3.203	139.1
9	120.1	110.00	120	10.01	80.72	3 303	75 320	8.524	498.78	227.38	1 101.03	17.317 6	394.902 8	0.448 8	2.156	6.313	142.9
10	130.1	120.00	120	6.276	83.35	3 715	126 600	13.85	816.36	546.77	1 794.77	31.750 3	1 081.989 6	0.729 2	3.484	10.350	146.8
11	140.1	130.00	120	3.972	87.76	3 487	110 000	15.58	1 224.81	674.96	2 474.56	41.089 4	1 296.196 7	0.820 3	3.978	11.040	150.7
12	150.0	140.00	120	2.845	91.15	3 428	87 650	16.63	1 347.41	683.63	2 970.44	48.489 7	1 239.806 7	0.875 6	4.346	11.370	154.6

续附表 16

混样	箱温/℃	煤温/℃	流量/(mL/min)	O_2/%	N_2/%	CO/$\times10^{-6}$	CO_2/$\times10^{-6}$	CH_4/$\times10^{-6}$	$q_{max}(T)$/$\times10^{-5}$ mL/min	$q_{min}(T)$/$\times10^{-5}$ mL/min	耗氧速度/$\times10^{-11}$ mol/(cm³·s)	CO产生率/$\times10^{-11}$ mol/(cm³·s)	CO_2产生率/$\times10^{-11}$ mol/(cm³·s)	CH_4产生率/$\times10^{-11}$ mol/(cm³·s)	C_2H_6/$\times10^{-6}$	C_2H_4/$\times10^{-6}$	煤阻/Ω
13	160.1	150.00	120	2.408	93.22	4 177	71 950	20.34	1 452.25	647.50	3 218.26	64.012 7	1 102.636 5	1.070 9	5.143	13.570	158.5
14	170.1	160.00	120	2.479	93.76	5 237	71 090	29.98	1 426.80	637.83	3 175.08	79.180 4	1 074.839 1	1.578 4	6.464	17.870	162.4
15	180.1	170.00	120	1.628	96.08	7 279	78 260	44.06	1 699.04	824.94	3 799.94	131.713 2	1 416.111 8	2.319 8	9.014	26.540	166.3

附表 17　色连矿长焰煤样程序升温实验结果数据表（混样，LDHs-115%）

混样	箱温/℃	煤温/℃	流量/(mL/min)	O_2/%	N_2/%	CO/$\times10^{-6}$	CO_2/$\times10^{-6}$	CH_4/$\times10^{-6}$	$q_{max}(T)$/$\times10^{-5}$ mL/min	$q_{min}(T)$/$\times10^{-5}$ mL/min	耗氧速度/$\times10^{-11}$ mol/(cm³·s)	CO产生率/$\times10^{-11}$ mol/(cm³·s)	CO_2产生率/$\times10^{-11}$ mol/(cm³·s)	CH_4产生率/$\times10^{-11}$ mol/(cm³·s)	C_2H_6/$\times10^{-6}$	C_2H_4/$\times10^{-6}$	煤阻/Ω
1	38.4	30.00	120	20.69	78.28	16.57	439.3	3.985	10.03	1.32	22.10	0.002	0.05	0.021 0			111.7
2	49.7	40.00	120	20.43	79.18	20.06	531.2	2.451	18.56	2.45	40.89	0.004	0.10	0.012 9			115.6
3	60.0	50.26	120	20.35	78.36	39.11	803.9	3.242	21.14	2.83	46.72	0.009	0.18	0.017 1			119.6
4	70.1	60.00	120	20.18	80.38	85.44	1 760	4.098	24.51	3.52	59.19	0.024	0.05	0.021 6			123.4
5	80.2	71.28	120	19.91	79.82	185.4	2 103	4.778	35.46	5.01	79.20	0.070	0.79	0.025 2			127.8
6	90.1	81.28	120	19.05	78.40	465.9	4 201	6.645	64.46	9.79	144.82	0.321	2.90	0.035 0			131.7
7	100.1	90.26	120	17.00	82.54	896.1	7 810	9.635	139.63	23.55	314.00	1.340	11.68	0.050 7	1.250	1.189	135.2
8	110.1	100.00	120	14.31	84.88	1 444	14 610	13.55	254.47	50.51	569.97	3.919	39.65	0.071 3	2.227	2.21	139.0
9	120.1	110.26	120	10.75	88.10	2 073	29 950	20.51	447.68	118.02	995.05	9.823	141.91	0.108 0	3.789	3.891	143.0
10	130.1	120.26	120	8.194	84.53	2 385	55 560	25.12	633.70	234.60	1 398.50	15.883	370.00	0.132 3	5.118	6.565	146.9
11	140.1	130.00	120	6.588	84.50	2 298	71 830	31.19	782.98	342.14	1 722.67	18.851	589.24	0.164 2	5.702	6.364	150.7
12	150.1	140.00	120	4.41	87.59	2 511	60 910	32.46	1 051.35	413.02	2 319.11	27.730	672.65	0.170 9	6.532	7.611	154.6
13	160.1	150.00	120	2.409	93.64	3 205	50 900	40.71	1 450.05	514.52	3 217.64	49.107	779.89	0.214 3	8.166	10.98	158.5
14	170.1	160.00	120	1.989	90.72	4 256	44 100	54.22	1 564.57	519.32	3 502.33	70.981	735.49	0.285 5	10.36	14.01	162.4
15	180.1	170.00	120	0.885 5	92.9	5 413	49 690	63.25	2 095.19	754.52	4 704.85	121.273	1 113.26	0.333 0	12.57	19.96	166.3

附表 18

色连矿长焰煤样程序升温实验结果数据表（混样，LDHs-215%）

混样	箱温/℃	煤温/℃	流量/(mL/min)	O_2/%	N_2/%	CO/$\times10^{-6}$	CO_2/$\times10^{-6}$	CH_4/$\times10^{-6}$	$q_{max}(T)$/$\times10^{-5}$ mL/min	$q_{min}(T)$/$\times10^{-5}$ mL/min	耗氧速度/$\times10^{-11}$ mol/(cm³·s)	CO产生率/$\times10^{-11}$ mol/(cm³·s)	CO_2产生率/$\times10^{-11}$ mol/(cm³·s)	CH_4产生率/$\times10^{-11}$ mol/(cm³·s)	C_2H_6/$\times10^{-6}$	C_2H_4/$\times10^{-6}$	煤阻/Ω
1	40.1	30.00	120	20.65	76.5	17.98	672.5	2.931	11.37	1.51	24.98	0.002 1	0.1	0.015 4			111.7
2	50.1	40.26	120	20.37	78.32	21.25	806.0	2.489	20.61	2.74	45.26	0.004 6	0.2	0.013 1			115.7
3	60.1	52.56	120	20.21	76.38	40.61	1 244	2.793	25.89	3.50	56.98	0.011 0	0.3	0.014 7			120.5
4	70.1	60.00	120	20.12	76.3	93.11	1 845	3.043	28.76	3.98	63.61	0.028 2	0.6	0.016 0			123.4
5	80.1	70.00	120	19.83	77.85	200.3	2 651	3.033	38.26	5.48	85.19	0.081 3	1.1	0.016 0			127.3
6	90.2	78.21	120	18.94	77.32	465.7	4 474	5.287	68.41	10.45	153.42	0.340 2	3.3	0.027 8			130.5
7	100.1	88.21	120	16.78	80.04	1 063	9 213	6.999	148.22	25.96	333.36	1.687 4	14.6	0.036 8		1.050	134.4
8	110.1	99.23	120	13.98	81.32	1 938	19 560	11.30	269.93	59.66	604.64	5.580 0	56.3	0.059 5	2.009	2.984	138.7
9	120.1	109.23	120	9.535	80.27	2 797	41 690	15.32	528.16	166.45	1 173.27	15.626 9	232.9	0.080 7	3.422	5.467	142.6
10	130.1	119.23	120	6.662	81.96	3 080	79 090	20.90	773.92	364.10	1 706.07	25.022 4	642.5	0.110 0	4.999	6.820	146.5
11	140.1	128.21	120	6.127	81.83	2 624	86 890	22.50	832.40	416.78	1 830.47	32.872 2	757.4	0.118 5	5.333	7.318	150.0
12	150.1	140.00	120	3.578	89.04	2 946	61 480	30.27	1 189.99	472.63	2 629.79	36.892 2	769.9	0.159 4	5.861	9.618	154.6
13	159.84	151.03	120	2.167	88.31	3 721	54 590	37.89	1 518.83	565.57	3 374.96	59.801 1	877.3	0.199 5	7.420	12.14	158.9
14	169.4	160.26	120	1.926	87.39	5 072	56 630	48.51	1 588.76	614.72	3 550.16	85.744 7	957.4	0.255 4	9.221	15.38	162.5
15	179.0	171.54	120	0.875 1	89.86	6 818	60 930	71.00	2 101.46	866.69	4 722.40	123.320 7	1 370.2	0.373 8	11.86	22.26	166.9

附表 19

色连矿长焰煤样程序升温实验结果数据表（混样，LDHs-415%）

混样	箱温/℃	煤温/℃	流量/(mL/min)	O_2/%	N_2/%	CO/$\times10^{-6}$	CO_2/$\times10^{-6}$	CH_4/$\times10^{-6}$	$q_{max}(T)$/$\times10^{-5}$ mL/min	$q_{min}(T)$/$\times10^{-5}$ mL/min	耗氧速度/$\times10^{-11}$ mol/(cm³·s)	CO产生率/$\times10^{-11}$ mol/(cm³·s)	CO_2产生率/$\times10^{-11}$ mol/(cm³·s)	CH_4产生率/$\times10^{-11}$ mol/(cm³·s)	C_2H_6/$\times10^{-6}$	C_2H_4/$\times10^{-6}$	煤阻/Ω
1	38.4	30.00	120	20.73	78.39	14.74	366	3.041	8.72	1.15	19.23	0.001 3	0.03	0.016 0			111.7
2	49.7	40.00	120	20.57	76.42	16.96	437.9	2.742	13.95	1.84	30.74	0.002 5	0.06	0.014 4			115.6

续附表 19

混样	箱温/℃	煤温/℃	流量/(mL/min)	O_2/%	N_2/%	CO/$\times 10^{-6}$	CO_2/$\times 10^{-6}$	CH_4/$\times 10^{-6}$	$q_{max}(T)$/$\times 10^{-5}$ mL/min	$q_{min}(T)$/$\times 10^{-5}$ mL/min	耗氧速度/$\times 10^{-11}$ mol/(cm³·s)	CO产生率/$\times 10^{-11}$ mol/(cm³·s)	CO_2产生率/$\times 10^{-11}$ mol/(cm³·s)	CH_4产生率/$\times 10^{-11}$ mol/(cm³·s)	C_2H_6/$\times 10^{-6}$	C_2H_4/$\times 10^{-6}$	煤阻/Ω
3	60.0	50.26	120	20.44	77.85	28.22	594.7	3.677	18.18	2.42	40.16	0.005 4	0.11	0.019 4			119.6
4	70.1	60.00	120	20.21	77.24	56.48	936.8	2.636	25.70	3.47	56.98	0.015 3	0.25	0.013 9			123.4
5	80.2	70.77	120	19.96	76.48	132.8	1 560	3.733	33.82	4.69	75.48	0.047 7	0.56	0.019 7			127.6
6	90.1	80.00	120	19.61	75.46	309.0	2 624	5.829	45.22	6.55	101.77	0.149 7	1.27	0.030 7			131.2
7	100.1	90.77	120	18.13	78.53	663.6	4 636	7.486	96.44	14.99	218.37	0.690 1	4.82	0.039 4			135.4
8	110.1	100.00	120	15.23	79.20	1 166	8 406	9.312	211.05	36.50	477.38	2.650 6	19.11	0.049 0	1.693	1.602	139.0
9	120.1	110.00	120	12.21	81.34	1 953	18 230	17.27	359.01	77.48	805.81	7.494 0	69.95	0.090 9	3.274	3.436	142.9
10	130.1	120.00	120	8.996	79.17	1 679	33 830	18.13	569.77	158.10	1 259.74	10.071 9	202.94	0.095 5	3.765	4.822	146.8
11	140.1	130.51	120	7.884	83.27	2 329	58 410	24.72	660.22	252.01	1 455.81	16.145 6	404.92	0.130 2	5.779	7.358	150.9
12	150.1	139.74	120	5.766	85.52	2 466	56 540	34.77	870.16	325.98	1 920.71	22.554 7	517.13	0.183 1	6.507	8.331	154.5
13	160.1	151.03	120	3.729	88.22	2 887	46 790	40.08	1 157.84	389.58	2 568.37	35.308 9	572.26	0.211 0	7.817	9.958	158.9
14	170.1	159.74	120	2.075	91.98	3 895	43 040	55.73	1 538.83	501.50	3 439.43	63.793 2	704.92	0.293 4	10.15	12.69	162.3
15	180.1	170.26	120	1.654	90.63	5 020	44 630	68.10	1 680.25	567.39	3 776.40	90.273 9	802.57	0.358 5	12.65	18.62	166.4

附表 20　色连矿长焰煤样程序升温实验结果数据表（混样，LDHs-415%）

混样	箱温/℃	煤温/℃	流量/(mL/min)	O_2/%	N_2/%	CO/$\times 10^{-6}$	CO_2/$\times 10^{-6}$	CH_4/$\times 10^{-6}$	$q_{max}(T)$/$\times 10^{-5}$ mL/min	$q_{min}(T)$/$\times 10^{-5}$ mL/min	耗氧速度/$\times 10^{-11}$ mol/(cm³·s)	CO产生率/$\times 10^{-11}$ mol/(cm³·s)	CO_2产生率/$\times 10^{-11}$ mol/(cm³·s)	CH_4产生率/$\times 10^{-11}$ mol/(cm³·s)	C_2H_6/$\times 10^{-6}$	C_2H_4/$\times 10^{-6}$	煤阻/Ω
1	30.1	30.00	120	20.61	72.27	14.91	296.6	1.525	12.60	1.66	27.86	0.002 0	0.039 3	0.080 3			111.7
2	49.8	40.00	120	20.29	74.89	17.63	409.2	2.703	23.16	3.06	51.11	0.004 3	0.099 6	0.142 3			115.6
3	59.8	50.00	120	20.15	72.11	32.55	623.6	2.588	27.75	3.70	61.40	0.009 5	0.182 3	0.136 3			119.5
4	69.9	60.00	120	20.07	75.11	79.27	1 016	2.437	30.21	4.11	67.31	0.025 4	0.325 7	0.128 3			123.4

续附表 20

混样	箱温/℃	煤温/℃	流量/(mL/min)	O_2/%	N_2/%	CO/×10⁻⁶	CO_2/×10⁻⁶	CH_4/×10⁻⁶	$q_{max}(T)$/×10⁻⁵ mL/min	$q_{min}(T)$/×10⁻⁵ mL/min	耗氧速度/×10⁻¹¹ mol/(cm³·s)	CO产生率/×10⁻¹¹ mol/(cm³·s)	CO_2产生率/×10⁻¹¹ mol/(cm³·s)	CH_4产生率/×10⁻¹¹ mol/(cm³·s)	C_2H_6/×10⁻⁶	C_2H_4/×10⁻⁶	煤阻/Ω
5	79.8	70.00	120	19.72	72.66	234.7	2 639	2.171	41.83	6.01	93.45	0.104 4	1.174 4	0.114 3			127.3
6	89.8	80.00	120	18.88	77.1	552.2	4 156	3.444	70.01	10.69	158.14	0.415 8	3.129 6	0.181 3			131.2
7	99.8	90.26	120	16.12	74.36	1 210	9 462	3.911	174.19	30.86	392.99	2.264 4	17.707 0	0.205 9			135.2
8	109.4	100.00	120	13.78	77.05	2 276	22 040	7.399	279.20	64.99	626.06	6.785 3	65.706 1	0.389 6	1.192	2.881	139.0
9	119.5	110.00	120	9.346	80.61	3 447	49 680	8.897	541.22	189.94	1 203.02	19.746 8	284.600 9	0.468 4	2.383	4.969	142.9
10	129.6	120.00	120	6.172	78.84	3 991	101 000	13.27	825.29	466.29	1 819.60	34.581 1	875.141 1	0.698 7	3.798	10.09	146.8
11	139.8	130.00	120	4.575	78.99	3 316	114 700	14.58	1 030.16	637.45	2 264.53	35.758 0	1 236.865 4	0.767 6	3.973	8.643	150.7
12	150.0	141.28	120	3.151	82.87	3 409	95 700	14.13	1 279.80	691.81	2 818.64	45.7559	1 284.494 2	0.743 9	4.467	11.59	155.1
13	159.9	150.00	120	2.024	83.04	4 061	82 880	21.21	1 572.61	771.26	3 476.41	67.2271	1 372.021 7	1.116 7	5.202	12.44	158.5
14	170.1	161.03	120	1.683	84.26	5 316	87 420	30.18	1 691.19	870.40	3 750.57	94.9430	1 561.308 0	1.589 0	6.945	19.47	162.8
15	180.1	170.26	120	0.854 2	83.33	7 008	88 270	45.59	2 135.05	1 122.05	4 758.32	158.792 0	2 000.081 9	2.400 3	9.049	26.71	166.4

附表 21　色连矿长焰煤样序升温实验结果数据表（混样，LDHs-515%）

混样	箱温/℃	煤温/℃	流量/(mL/min)	O_2/%	N_2/%	CO/×10⁻⁶	CO_2/×10⁻⁶	CH_4/×10⁻⁶	$q_{max}(T)$/×10⁻⁵ mL/min	$q_{min}(T)$/×10⁻⁵ mL/min	耗氧速度/×10⁻¹¹ mol/(cm³·s)	CO产生率/×10⁻¹¹ mol/(cm³·s)	CO_2产生率/×10⁻¹¹ mol/(cm³·s)	CH_4产生率/×10⁻¹¹ mol/(cm³·s)	C_2H_6/×10⁻⁶	C_2H_4/×10⁻⁶	煤阻/Ω
1	40.2	28.97	120	20.76	77.57	18.37	209.3	1.314	7.65	1.01	17.08	0.001 5	0.017 0	0.069 2			111.3
2	50.2	43.08	120	20.62	71.79	19.75	226.5	3.051	12.15	1061	27.14	0.002 6	0.029 3	0.160 6			116.8
3	60.2	53.59	120	20.51	73.49	24.54	313.1	2.535	15.75	2.09	35.08	0.004 1	0.052 3	0.133 5			120.9
4	70.1	60.51	120	20.27	76.10	49.55	499.3	2.623	23.47	3.16	52.58	0.012 4	0.125 0	0.138 1			123.6
5	80.1	68.72	120	20.01	72.81	163.2	1 201	4.163	31.75	4.41	71.76	0.055 8	0.410 4	0.219 2			126.8
6	90.0	81.03	120	19.65	75.08	345.7	2 135	4.946	43.42	6.27	98.74	0.162 5	1.003 8	0.260 4			131.6

续附表 21

混样	箱温 /℃	煤温 /℃	流量 /(mL/min)	O_2 /%	N_2 /%	CO /$\times10^{-6}$	CO_2 /$\times10^{-6}$	CH_4 /$\times10^{-6}$	$q_{max}(T)$ /$\times10^{-5}$ mL/min	$q_{min}(T)$ /$\times10^{-5}$ mL/min	耗氧速度 /$\times10^{-11}$ mol/(cm³·s)	CO产生率 /$\times10^{-11}$ mol/(cm³·s)	CO_2产生率 /$\times10^{-11}$ mol/(cm³·s)	CH_4产生率 /$\times10^{-11}$ mol/(cm³·s)	C_2H_6 /$\times10^{-6}$	C_2H_4 /$\times10^{-6}$	煤阻 /Ω
7	100.1	91.54	120	18.28	78.47	710.2	4 104	6.300	90.41	13.96	206.13	0.697 1	4.028 4	0.331 7	0.856 7	0.758	135.7
8	110.1	101.28	120	15.71	79.68	1 306	8 048	9.017	189.62	32.76	431.27	2.682 1	16.528 0	0.474 7	1.606	1.675	139.5
9	120.1	109.74	120	12.39	84.02	2 055	15 440	14.36	347.10	71.32	784.06	7.672 6	57.647 1	0.756 1	2.819	3.071	142.8
10	130.1	118.46	120	9.125	83.70	2 709	33 290	21.26	55.46	155.77	1 238.58	15.977 7	196.345 0	1.119 3	4.728	6.092	146.2
11	140.1	131.28	120	8.499	74.51	2 606	65 590	25.13	609.63	251.53	1 344.19	16.680 8	419.836 1	1.323 1	5.951	6.879	151.2
12	150.0	139.49	120	6.532	82.54	2 555	60 780	29.94	786.53	308.72	1 735.36	21.113 5	502.262 4	1.576 3	6.406	7.479	154.4
13	159.6	149.49	120	4.264	86.44	3 036	55 620	34.8	1 070.09	399.63	2 369.14	34.251 1	627.484 7	1.832 2	7.453	9.987	158.3
14	169.4	160.26	120	2.903	89.45	3 882	54 460	45.99	1 322.20	492.62	2 940.45	54.356 4	762.557 7	2.421 4	9.421	12.55	162.5
15	178.9	171.28	120	1.876	83.65	5 287	53 720	61.27	1 602.62	602.58	3 589.24	90.363 5	918.162 7	3.225 9	12.25	17.97	166.8